黄河河口钓口河流路亚三角洲岸滩演变与抗冲性试验

李九发　时连强　应　铭　李为华　编著

海洋出版社

2013 年 · 北京

内 容 简 介

本书以大量实测资料、实验数据为基础,对黄河河口钓口河流路亚三角洲发育及岸滩蚀退过程进行分析总结。全书内容大体上分为七个部分,主要内容为:河口来水来沙条件,钓口河亚三角洲岸滩发育过程,近岸水域潮汐、潮流、波浪、含沙量、沉积物特性,亚三角洲岸滩地形剖面形态和冲刷蚀退过程,原型土抗冲性试验和冲淤演变过程模拟。

本书可供水文、泥沙、沉积、地貌、环境和海岸工程等学科的科技工作者、工程师、大专院校师生及政府有关部门的工作人员参考。

图书在版编目(CIP)数据

黄河河口钓口河流路亚三角洲岸滩演变与抗冲性试验/李九发等编著.
—北京:海洋出版社,2013.10
ISBN 978 - 7 - 5027 - 8711 - 0

Ⅰ.①黄… Ⅱ.①李… Ⅲ.①黄河 – 河口 – 三角洲 –
演变 – 研究②黄河 – 河口 – 三角洲 – 抗冲击 – 试验 Ⅳ.①TV882.1

中国版本图书馆 CIP 数据核字(2013)第 257933 号

责任编辑:杨传霞
责任印制:赵麟苏

海洋出版社 出版发行

http://www.oceanpress.com.cn

北京市海淀区大慧寺路 8 号 邮编:100081
北京旺都印务有限公司 新华书店发行所经销
2013 年 10 月第 1 版 2013 年 10 月北京第 1 次印刷
开本:787mm×1092mm 1/16 印张:11.5
字数:278 千字 定价:68.00 元
发行部:62132549 邮购部:68038093 总编室:62114335
海洋版图书印、装错误可随时退换

Near-shore evolution and erosion resistance experiments at the Diaokouhe River subdelta, Yellow River Estuary

Li Jiufa, Shi Lianqiang, Ying Ming, Li Weihua

China Ocean Press

Beijing, 2013

前　言

　　黄河，中国的母亲河！就河流长度而言，她是我国第二大河、世界第五大河，源于青海巴颜喀拉山，注入渤海。黄河全长 5 464 km，流域面积 75.2×10^4 km²，年径流量 301×10^8 m³（1950—2010 年）（中华人民共和国水利部，2010）。最近 60 年间，黄河输送至河口地区的泥沙平均为 7.22×10^8 t/a（1950—2010 年）（中华人民共和国水利部，2010），被称为世界著名的多沙河流。滔滔黄河水，奔腾东流去，挟带着大量泥沙，至山东省注入渤海。在河口区，由于水流扩散，海水顶托，流速缓慢，海陆动力相互作用，咸淡水交汇，促使大量泥沙在河口区落淤，填海造陆，沧海桑田，在河口区每年平均净造陆地 25～30 km²，形成广阔的河口三角洲区域（附图1）。1855 年以来，黄河以利津为顶点，北到徒骇河口，南到小清河，形成扇状型现代三角洲，扇形半径近 80 km，地面平坦。但是，由于黄河尾闾因泥沙淤积，河床抬高，排洪不畅，或凌汛冰塞壅水或人为原因，入海水道常常发生改变。自 1855 年至今，河口流路改道已有数十次之多，平均十余年改道一次，仅大型的河口改道就有近十次之多，形成了相应的多个亚三角洲叶瓣（附图2）。1976 年 5 月形成的现行黄河入海口，在不断地人为干预下，已经行水 30 多年，是行水时间较长的一条入海流路。

　　黄河三角洲地域辽阔，自然资源丰富，是一片正在开发的热土。1949 年以后，农林牧渔业有了较大发展，先后在三角洲上建立了农场、林场和马场等。从 20 世纪 60 年代开始，胜利油田逐渐开发，并已建成为我国第二大油田。1983 年 10 月，经国务院批准设立了东营市，标志着黄河三角洲的开发建设进入了一个崭新时期。

　　自 20 世纪后期，由于黄河来水来沙量出现锐减，甚至发生断流现象，加上入海流路的改道，引起局部岸段水域供沙量大减，海岸淤涨减缓或已转为冲刷蚀退，黄河三角洲海岸线先后出现不均衡的冲刷后退现象，以钓（刁）口河河口流路形成的亚三角洲海岸的持续冲刷后退最为典型，已经严重影响到部分油田的开采。为此，多年来众多学者和工程师开展了岸滩水域的水文泥沙与沉积地貌的观测、地质探测以及冲淤过程的监测，累积了大量的实测数据，并进行了岸滩冲淤演变及影响因素的研究。在此基础上，有关部门采取了局部岸滩建造护岸保滩工程的措施，缓解了岸滩后退速度。但是三角洲冲刷蚀退势头并未被遏制，局部保滩工程常常发生坍塌。由此可见，对岸滩冲刷后退过程及机制的研究还有待深化，以便采取有效的护岸保滩工程，确保陆地国土资源不再损失，三角洲自然景观资源得到保护，海滩油田能够安全开采，使整个黄河三角洲的社会经济能全面平稳地可持续发展。基于此，2002年在国家科学技术部资助下，我们开展了"三角洲海岸侵蚀与岸坡失稳灾害的防护对策"研究，并旨在以黄河三角洲为例，系统地研究黄河河口钓口流路亚三角洲的岸滩泥沙运动、冲淤演变、岸坡失稳等，为三角洲岸滩防护工程设计以及资源开发和保护提供科学决策依据。

课题组主要成员（陈沈良、李九发、张国安、李占海、谷国传、李蔚、时连强、应铭、刘勇胜、胡静、李为华、陈小英、李向阳、左书华、范恩梅、哈长伟等）在广泛收集黄河来水来沙量、近岸水域潮流速和含沙量、潮间带地形剖面和地形图等数据资料和前人研究成果的基础上，于2004年4月至2007年10月在黄河三角洲近岸水域进行了多次现场调查工作（调查期间得到了当地水利勘测部门的帮助），包括多测点水文泥沙观测、浅地层剖面探测、潮间带和近岸水域沉积物取样、潮间带地形剖面测量、潮间带和陆域钻孔探测等。并在室内进行了沉积物颗粒度分析、沉积物磁性分析、钻孔柱状沉积物土力学测试和抗冲刷力学试验、岸滩原型泥沙起动搬运和粗化过程及沉积层抗冲刷水槽试验，以及岸滩冲淤强度量化统计分析和模拟等。现场调查工作由课题组长陈沈良教授带队，先后共计20余人次参加，部分现场观测与黄河口水文水资源勘测局合作完成。室内样品分析和沉积物抗冲刷试验在华东师范大学河口海岸学国家重点实验室完成，而沉积物柱状样抗冲刷力学试验则在中国科学院力学研究所环境流体力学实验室完成，并得到了该实验室呼和敖德教授的精心指导。

本书以时连强（2006年）博士生的《黄河三角洲飞雁滩沉积特性与沉积物抗冲性研究》、应铭（2007年）博士生的《废弃亚三角洲岸滩泥沙运动和剖面塑造过程——以黄河三角洲北部为例》和李为华（2008年）博士生的《典型三角洲岸滩和河口床沙粗化机理及动力地貌响应研究》等博士学位论文为基础，由李九发重新组织编写而成。文章整编期间收集了其他学者的部分研究成果，并增加了一些新的实测资料。同时，由于本书为3位博士生不同年份的综合研究成果，有些统计数字和公式字母物理量的表示存在不尽统一，为了尊重原研究成果表达的真实性，本书未作全部统一的修订。

全书内容大体上分为七个部分：第一部分绪论，简要介绍近年来国内外海岸侵蚀背景和相关的研究成果，以及三角洲的自然条件、黄河来水来沙量及岸滩的侵蚀现状；第二部分，主要叙述钓口河口行水期来水来沙条件与亚三角洲岸滩发育过程；第三部分，重点分析钓口河口亚三角洲近岸水域潮汐、潮流、波浪等主要动力特性；第四部分，主要分析讨论钓口河口亚三角洲近岸水域泥沙特性及含沙量的空间分布，以及沉积物特性；第五部分，主要探讨亚三角洲岸滩地形剖面和冲刷后退过程及侵蚀机理；第六部分，重点对亚三角洲岸滩及邻近水域沉积物组成、分布及原型土抗冲性试验结果进行分析；第七部分，对亚三角洲岸滩的冲淤演变过程进行模拟。

在此对本课题立项、实施管理、现场调查和室内分析试验、科学研究过程中付出了艰辛劳动和鼎力帮助的老中青科学家和博士硕士生们，以及帮助校审本书稿的梁丙臣博士，图件制作和绘制的王佩琴女士和闫虹博士生，表示诚挚的谢意。同时，本书引用了有关学者、工程师们的研究成果和实测数据资料，在此一并深表感谢！

本书在对实测资料分析基础上，重点进行了有关尝试性的试验、模拟和探索性研究，涉及的专业面较广，研究成果仅属肤浅认识，必然存在较大的局限性，再加上科研条件和研究水平及专业知识有限，书中不足之处在所难免，恳请指正。

李九发
2013 年春于上海丽娃河畔

Preface

The Yellow River is considered the Chinese mother river and cradle of Chinese civilization. It is the second longest in China and fifth in the world, originating from the Bayan Har Mountains in Qinghai Province to the Bohai Sea. The Yellow River is 5 464 km long with a watershed area of 75.2×10^4 km². Each year, it carries an average runoff of 301×10^8 m³ (between 1950—2010, Ministry of Water Resources, PRC, 2010). For the last 60 years, the average amount of sediment transport to the estuary was about 7.22×10^8 t/a (from 1950 to 2010, Ministry of Water Resources, PRC, 2010). The Yellow River is known as a sediment-laden river. In the estuarine area, the discharge diffuses with decreasing velocity due to the backwater from the sea. The dynamic interaction between land and sea causes fresh-saline water confluence. As a result, a large amount of sediment is deposited in the estuary area (Fig. 1), forming a vast delta with an increase rate of 25 to 30 km² per year. Since 1855, a modern fan-shaped delta has been created, with a radius of 80 km. The delta takes Lijin as its vertex, Tuhai River estuary as its north side, and Xiaoqinghe as its south side. However, due to sediment deposits at the end of the Yellow River, increasing river bed, blocked-ice run floods in winter, and other human activities, the river channels divert into the sea frequently. Since 1855, the river channel has diverted dozens of times into the estuary area. On average, the channel has changed once every 10 years, including more than 10 major diversions. Consequently, multiple subdelta lobes have formed correspondingly (see Fig. 2). The current river mouth was formed in May 1976. Under continual anthropogenic disturbances, it has been running for more than 30 years which makes it the longest surviving diversion.

The Yellow River Delta covers a large area rich in natural resources. It is a fertile land with great potential for further development. Farming, forestry, husbandry, and fishery have developed significantly after 1949. Farms, forest fields and army horse ranches were established in the Delta during the early period. In the 1960's, Shengli oil field was discovered, and the second largest oil field in China was established. In October 1983, the State Council approved the establishment of Dongying district, and a new stage in the development and construction of the Yellow River Delta was revealed.

Since the latter part of last century, the amount of sediment supply dropped significantly in the local area due to the reduction of runoff and sediment supply from upstream and river channel diversions. Coastal accretion slowed down or even changed to erosion. For example, the successive erosion of Feiyantan Coast in Diaokou River Delta severely affected the exploration of the Feiyantan oil field. These events prompted many researchers and engineers to observe coastal hydrological sediment, sedimentary landform, geological exploration and coastal evolution. Evolution of erosion and deposition, and impact factors were studied for a long time, based on the large number of measured data. Protection projects were built on some coastal segments, slowing down the coastal erosion rate. However, the seriously eroded condition of the delta area has remained the same, and some parts of protection projects collapse frequently. Thus, further study is needed on the processes and mechanism of coastal erosion. To create an effective coastal protection project and maintain sustainable development of the Yellow River Delta, *Protection measures for delta coastal erosion and slope instability hazard* research program was approved by the Ministry of Science and Technology in 2002. For example, it studied systematically the sediment transport, evolution of erosion and deposition, slope instability of the Yellow River Delta. The program goal was to provide scientific solutions for coastal protection engineering design, resources, development and protection.

Based on previous data and study results, several on-site observations were carried out between April 2004 and October 2007 by Chen Shenliang, Li Jiufa, Zhang Guoan, Li Zhanhai, Gu Guochuan, Li Wei, Shi Lianqiang, Ying Ming, Liu Yongsheng, Hu Jing, Li Weihua, Chen Xiaoying, Li Xiangyang, Zuo Shuhua, Fan Enmei, Ha Changwei. These on-site observations included multi-site hydrologic and sediment measurement sub-bottom detections, sediment sampling and topographic profile measures in intertidal and near-shore zone, drilling exploration, grain size and magnetic measurements of sediment, soil mechanics tests on drilling sediments, flume experiments on transport and coarsening process and erosion resistance of coastal prototype sediment, quantitative statistical analysis, and simulation on shore erosion and deposition. On-site observations were led by Professor Chen Shenliang, and more than 20 people took part in the investigations. Some observations were coordinated with the Yellow River Hydrology and the Water Resources Survey Bureau. In-door experiment on sediment samples and anti-erosion tests were carried out in the State Key Laboratory of Estuarine and Coastal Research in East China Normal University. Erosion experiments on drilling sediments were carried out in the Environmental Fluid Dynamics Laboratory of the Institute of Mechanics, Chinese Academy of Sciences. Prof. Huhe Aode graciously offered valuable help and careful guidance.

This entire book is based on the following PhD theses: *Study on Sedimentary Characteristic and Erosion Resistance of Sediment Bed from Feiyantan Coast at the Yellow River Delta* by Shi Lianqiang (2006), *Research on Sediment Transport and Coastal Profile Shaping Processes of an Abandoned Sub-delta, to the North of the Yellow River Delta for example* by Ying Ming (2007), and *Study on Coarsening Mechanism of the Typical Delta Shore and Estuary Bed and Dynamic Geomorphic Response* by Li Weihua (2008), etc. It has been rewritten and reorganized by Li Jiufa. Meanwhile, other research results have been collected during the reorganization, and new measured data has been added. The thesis has been checked by Dr. Liang Bingchen. The charts in the book have been illustrated by Mrs. Wang Peiqin and PhD candidate Yan Hong.

The contents of this book can be divided into seven chapters. Chapter One is the introduction; it includes a domestic and international background of coastal erosion and related research from recent years, variation of the runoff and sediment of the Yellow River, the natural conditions of the delta, and the status of shore erosion. Chapter Two focuses on the runoff and sediment supply of Diaokouhe Estuary and evolution of the sub-delta. Chapter Three highlights the dynamical characteristics of near-shore tides, tide currents and waves. Chapter Four analyzes on the spatial distribution of near-shore sediment and suspended sediment concentration, and the characteristics of surface sediment. Chapter Five studies the processes and mechanics of sub-delta beach erosion. Chapter Six analyzes the components and distribution of near-shore bed load, and the results of erosion resistance experiments. Chapter Seven is about the numerical simulation of the erosion-deposition processes of the sub-delta shore.

The authors would like to extend their appreciation to all the researchers and PhD/Master candidates for their great efforts in project management, on-site observations, in-door experiments and scientific research endeavors.

On the analysis of the field data basis, we have carried out a series of tentative experiments, numerical simulations and exploratory research. We anticipate the research results having significant limitations due to the limited scientific research conditions and lack of study and expertise. Thus, there may be some shortcomings in the book. We appreciate any corrections the readers may suggest.

Li Jiufa
Spring 2013
At the Liwa Riverside,
State Key Laboratory of Estuarine and Coastal Research,
East China Normal University, Shanghai, P. R. China

目　次

Contents

1　绪论

　　河流奔腾不息，孕育了人类生命与文明。与此同时，河流来水携带大量泥沙入海，将陆源物质源源不断地向海洋输运，部分泥沙在河口水域陆海两股水动力的相互作用下出现沉降而形成广阔的三角洲堆积体，如密西西比河三角洲，尼罗河三角洲，我国长江、黄河、珠江三大河流三角洲等。由于河口三角洲地处河流的终点，又与海岸线相交，其自然资源丰富，是航运、旅游、生态、油气、土地、淡水、鱼类等各种资源富集的黄金地带，因而成为全球经济最发达、人口最密集的地区。仅占我国陆域国土面积13%的沿海经济带，却承载着全国42%的人口，创造着全国一半以上的国民经济产值。但是，这也给该区域自然资源带来高强度的、持续的、过量的开发利用压力，加上全球气候变暖、海平面上升、河流供沙不足、河流入海口改道等诸多原因，许多三角洲及海岸处于侵蚀状态。目前，海岸侵蚀已成为全球性问题，20世纪全球有70%以上的海滩处于蚀退状态，淤涨的海岸线不足10%。据美国弗吉尼亚大学海岸侵蚀信息系统资料反映，美国约占24.4%的海岸属于严重侵蚀类型，其中，墨西哥湾沿岸的蚀退速率达1.8 m/a（杨世伦，2003）。埃及尼罗河原来每年约 2×10^8 t 的泥沙排入地中海，形成稳定的尼罗河三角洲，1964年建成阿斯旺水库后，导致了海岸线的蚀退，30多年中蚀退面积达400多平方千米（Frihy and Komar，1993）。土耳其地区黑海东部沿岸由于人工采砂和填海造陆，改变了当地的水动力条件，产生了向海的泥沙搬运，使得该地区30年来一直处在侵蚀后退之中（Yuksek et al.，1996）。意大利海岸（Budetta et al.，2000）、澳大利亚东南部海岸（Jones and Mader，1996）、泰国南部海岸（Thampanya et al.，2006）、俄罗斯北冰洋沿岸（Leont'yev，2004）都存在侵蚀现象。据丰爱平等统计（见表1.1），我国所面临的海岸侵蚀问题较严峻，大范围海岸处于侵蚀状态。特别是砂质海岸和大部分开敞的粉砂淤泥质海岸遭受侵蚀（夏东兴等，1993），侵蚀速度为每年几米、几十米甚至上百米。海岸侵蚀的后果是土地资源直接减少，并威胁临海城市的安全，由此出现陆域土地损失、海水入侵、土壤盐碱化、水污染以及河口海岸生态系统和海岸工程破坏等一系列问题。由此可知，海岸带演变是陆海水动力相互作用下最强烈的反映，已受到国际学术界和沿海各国政府的高度重视，成为全球近10多年来的研究热点及重点研究区域，如国际上的海岸带陆海相互作用（LOICZ）等国际性的研究计划正在全面实施（李凡，1995），数十年来在黄河三角洲及其邻近海岸水域水流、泥沙运动和海岸侵蚀过程、侵蚀海岸沉积物粗化过程和抗冲强度、海岸防护工程和海岸管理等方面取得了丰硕的研究成果（丰爱平和夏东兴，2003；夏东兴和王文海等，1993；陈吉余等，1989；虞志英等，1994；李光天和符文侠，1992；成国栋等，1986；成国栋，1991；李泽刚，1987；丁东和夏万，1988；张世奇，1990；杨作升等，1994；季子修，1996；张裕华，1996；曹文洪，1997；尹学良，1997；王万战和袁东良，1997；徐明权和杨小庆，1998；周永青，1998；李广雪等，1999；胡春宏和曹文洪，2003；庞家珍和姜明星，2003；师长兴等，2003a，b；许炯心，2002；孙效功和杨作升，

1995；陈沈良等，2004；李安龙等，2004；燕峒胜等，2006；时连强等，2005，2007；李九发等，2006；Ying et al.，2008；李为华等，2005；沈焕庭和胡刚，2006；等等）。

表 1.1　我国部分侵蚀海岸状况（丰爱平等，2003）

地区	岸段	海岸类型	侵蚀速率/ $(m \cdot a^{-1})$	地区	岸段	海岸类型	侵蚀速率/ $(m \cdot a^{-1})$
辽宁	新金县皮口镇	沙质	0.5~1	福建	霞浦	沙质	4
	大窑湾	沙质	>2		闽江口以东	沙质	4~5
	旅顺柏岚子	沙质	1~1.5		莆田	沙质	6~8
	营口鲅鱼圈	沙质	2		湄洲岛	沙质	1
	大凌河口	淤泥质	50		澄瀛	沙质	0.9~1.5
	兴城	沙质	1.5		白沙—塔头	沙质	3
河北	北戴河浴场	沙质	2~3		高歧	沙质	1
	饮马河	沙质	2		东山岛	沙质	1
天津	滦河口—大清河口	淤泥质	>2.5	海南	文昌	沙质	10~15
	歧口—大口河口	淤泥质	10		三亚湾	沙质	2~3
山东	黄河口三角洲	淤泥质	3~1 200		海口湾西部后海	沙质	2~3
	刁龙嘴—蓬莱	沙质	2		南渡江口	沙质	9~13
	蓬莱西海岸	沙质	5~10		沙湖港—东营港	沙质	3~6
	文登—乳山白沙口	沙质	1~2	上海	芦潮港—中港	淤泥质	约50
	鲁南	沙质	1.1	浙江	漱浦东—金丝娘桥	淤泥质	3~5
	棋子湾—绣针河口	沙质	1.3~3.5	广东	漠阳江口北津	淤泥质	8
江苏	赣榆县北部	沙质	10~20	广西	北仑河口	淤泥质	10
	团港—大喇叭口	淤泥质	15~45				
	东灶港—篚枝港	沙质、淤泥质	10~20				

　　我国的现代黄河三角洲是世界河口三角洲中淤涨速度最快、最年轻的三角洲。它也是世界上河口三角洲海岸演变最剧烈的地带之一。自 1855 年黄河改由山东入渤海以来，入海尾闾频繁摆动达 10 次，形成了相应的多个亚三角洲叶瓣（附图 2）（叶青超，1982，1994；成国栋，1991）。常常表现为行水河口快速淤积，邻近岸滩发生外延，而亚三角洲叶瓣岸滩在失去黄河泥沙补给后纷纷进入侵蚀状态（吴世迎和臧启运，1997）；黄河断流、流域来沙减少使行水岸段的冲淤变得复杂，黄河三角洲侵蚀速率每年可达几平方千米甚至十几平方千米。黄河三角洲北部的钓口河流路就是典型的一例，它是 1976 年开始废弃的亚三角洲叶瓣，在此分布有中国第二大油田——胜利油田，包括陆上的飞雁滩油田、浅海的埕岛油田等重要的原油生产基地（仲德林和刘建立，2003）。但是，飞雁滩海域由于黄河入海尾闾改道引起海岸强烈侵蚀，已导致众多油井、油田设施遭到严重破坏，部分油田由陆上开采转变为海上开采，浅海油田输油管线出露等诸多问题，给油田带来巨大经济损失和生产安全隐患。为了阻止海岸进一步侵蚀，保护油田，在黄河三角洲采取了多种

工程措施，如海堤、抛石、丁坝、潜坝等。但是，岸滩冲刷后退形势仍然非常严峻（图1.1）。因此，进一步认识海岸侵蚀变化机理、水沙特性和运移过程、沉积物特性、沉积物侵蚀粗化过程和抗冲特性，掌握三角洲岸滩淤积与蚀退转换临界条件，总结淤泥质三角洲海岸地形剖面塑造理论，不仅可以为有效实施海岸防护工程提供理论依据，而且在油气资源的勘探、开发等方面都具有重要的现实意义。

图1.1　钓河口亚三角洲飞雁滩海堤受损情况（摄于2004年4月21日）

1.1　黄河三角洲自然概况

　　黄河三角洲呈弧形曲线状海岸线，地势总体上西南高、东北低，属泥质平原海岸类型。由于历史上黄河改道和决口频繁，形成了岗、坡、洼地相间排列的多种微地貌形态。

　　黄河三角洲地处中纬度，属于暖温带季风型大陆性气候，四季分明，雨热同期，夏湿冬燥。冬季主要受来自西伯利亚的冷空气影响，多偏北风；夏季受太平洋高压边缘影响，多偏南风。多年平均气温12.8℃，7月最热，平均气温26.7℃，1月最冷，平均气温−2.8℃，沿岸水体有冰冻。年平均降水量487.7～582.1 mm。

　　三角洲的结构按地貌特征可相应地划分出3个沉积单元，即：三角洲平原沉积、三角洲前缘沉积和前三角洲沉积。钓口河流路的发育经历了从改道漫流—归股单——顺直延伸—弯道出汊—出汊点上移—再改道的典型的黄河尾闾河道演化的全过程。入海尾闾末端的摆动改道使得亚三角洲在不同方向发育有不同的沉积序列，横向上为主河道型和出汊河道型，垂向上为河口坝型和口坝侧湾型，纵向上为河口坝与口坝侧湾相间分布的特征（成国栋等，1986）。

　　黄河三角洲的物质组成以细颗粒沉积物经过快速搬运、快速堆积而成，三角洲上部土层结构松散，具有高孔隙度、高含水量、较高压缩性、高的灵敏度及触变性、动剪切模量较低、土体变化强度较大等特点。

黄河三角洲属暖温带落叶阔叶林区，受水土和地形等条件制约，植被景观较单一，以草甸景观为主体。天然植被以滨海盐生植被为主，并形成了比较独特的河口湿地生态系统，为国家级河口三角洲自然保护区。

黄河三角洲具有丰富的油气、盐卤、地热、土地、鱼类及其他自然资源。黄河三角洲及其近岸水域是我国重要的浅海油气生产基地。

1.2 河口来水来沙通量及变化

1.2.1 径流通量及变化

黄河入海口利津水文站多年实测平均年径流量为 301×10^8 m^3，多年平均流量为 954 m^3/s（1950—2010 年）（中华人民共和国水利部，2010），入海径流量受到流域降水量变化和人类活动的影响，存在明显的年际和季节性变化规律。

1.2.1.1 年际变化

从 1950—2010 年径流量过程线看（图 1.2），径流量在时间上围绕着相应年份均值作上下摆动，波动幅度较大，1964 年出现最大径流量值，年径流量为 973×10^8 m^3，而 1997年出现最小径流量值，年径流量仅为 18.6×10^8 m^3，前者是后者的 52.3 倍，表明径流量年际变化大。

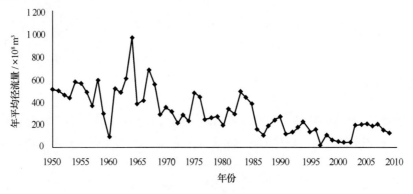

图 1.2　利津站径流量过程线

据刘勇胜（2006）对利津站各年径流量所绘的累计经验频率曲线，按频率 25% 和75% 来划分丰水年、中水年以及枯水年而得到 478×10^8 m^3 和 157×10^8 m^3 为分界值。1950 年以来的 60 年中，丰水年份占 23%，中水年份占 52%，枯水年份占 25%；而 1983年以后未出现过丰水年，中水年份仅占 48%，枯水年份占 52% 之多。通常丰水年、中水年、枯水年均以多年连续形式呈现，1961—1964 年连续 4 年呈现丰水年，中水年连续出现次数较多，连续时间较长，最长持续时间为 7 年（1976—1982 年），其次为 6 年（1969—1974 年）；枯水年连续出现时间更长，最长持续时间为 8 年（1995—2002 年）（图 1.2）。从图 1.3 看，反映出黄河入海水量在 60 多年来呈现阶梯性的锐减过程。再从图 1.4 看，7—10 月径流量阶梯性的锐减过程表现相对明显，而非汛期（11 月至翌年 6

月）径流量锐减形态表现相对平缓。

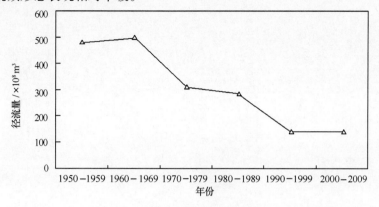

图 1.3　利津站年代际径流量变化

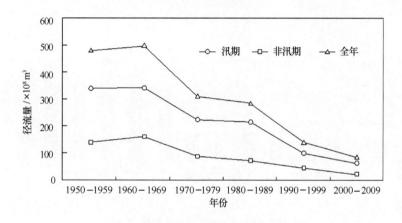

图 1.4　利津站汛期和非汛期径流量变化

1.2.1.2　季节性变化

黄河入海径流量具有明显的季节性变化。据利津站多年实测径流量资料统计，汛期（7—10 月）平均径流量为 199×10^8 m³，占多年平均径流量的 61% 多，从图 1.5 看，在 20 世纪 50 年代的 10 年中，汛期径流量所占百分比值在 60% ~70% 之间，且波动幅度较小，而 20 世纪 60 年代以来，汛期径流量所占的百分比变化极大，近 15 年来差异更大，可能与大型水库洪季蓄水、枯季放水和人为引水有关。而 1991 年、1997 年、2000 年、2001 年出现汛期径流量所占百分比值小于 40% 的现象。

从多年月平均径流量来看（图 1.6），月径流量变化更加明显，最大值出现在 8 月，为 58.5×10^8 m³，最小值出现在 2 月，为 9.61×10^8 m³，两者比值为 6.08。1—6 月和 11—12 月各月径流量均在 10×10^8 ~30×10^8 m³ 之间，而 7 月开始进入黄河流域汛期，月径流量出现成倍增加，汛期各月径流量保持在 37×10^8 m 以上。

在各年的月平均径流量序列中，最大值为 183×10^8 m³，出现在 1964 年 9 月；月平均径流量最小值为 0，分别出现在 1960 年的 4—6 月（与三门峡蓄水有关），1992 年、1994

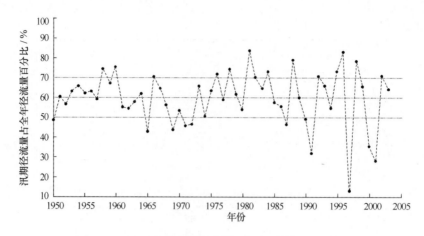

图1.5 利津站各年汛期径流量占全年径流量的百分比

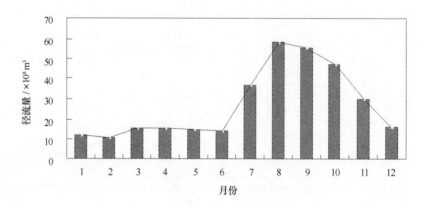

图1.6 利津站多年平均月径流量过程线图

年、1995年、1996年的6月,1997年的6—7月。事实上,黄河下游从开始断流的1972年到1998年的27年中,共有21年发生断流,累计断流1 048天,仅1997年就出现长达226天的断流期(崔树强,2002)。近10年来全流域采取了科学引用水量和大型水库蓄排水的统一调控,断流现象基本消除。

1.2.2 泥沙通量及变化

黄河是举世闻名的多沙河流。据半个多世纪实测资料统计,黄河入海河口利津水文站多年平均输沙量为7.22×10^8 t,多年平均含沙量为24.0 kg/m³(1950—2010年)(中华人民共和国水利部,2010)。入海泥沙量受到流域径流变化和人类活动的影响,也存在明显的年际和季节性变化规律。

1.2.2.1 年际变化

随着入海径流量的减少,输沙量也呈直线形下降(见图1.7)。20世纪50年代和60年代中期为器测时期以来黄河流域最大输沙期,输沙量在$11.0 \times 10^8 \sim 21.0 \times 10^8$ t,至90年代减少为5.0×10^8 t以下,21世纪前10年的输沙量仅为20世纪50年代的

10% 左右（图 1.8）。

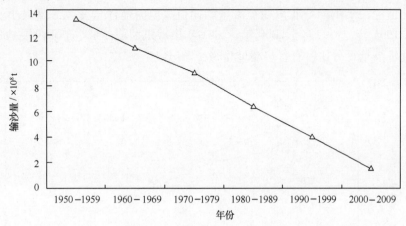

图 1.7　利津站年代际输沙量变化

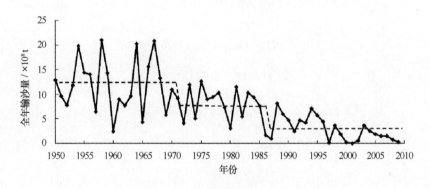

图 1.8　利津站输沙量过程线

黄河多年平均入海输沙量为 7.22×10^8 t，最大和最小年输沙量分别为 1958 年的 21.0×10^8 t 和 2001 年的 200×10^4 t，前者是后者的千倍之多。从图 1.8 可见，1950—1970 年、1971—1985 年和 1986—2010 年 3 个时段输沙量呈阶梯形下降，并分别围绕着各时段的 12.0×10^8 t、8.4×10^8 t、2.5×10^8 t 输沙量均值线作上下波动，总体上黄河入海年输沙量的波动幅度比较大。

据刘勇胜（2006）各年输沙量所绘的累计经验频率曲线，按频率 25% 和 75% 来划分多沙年、中沙年及少沙年，从而得到多沙年、中沙年及少沙年以 11.5×10^8 t 和 4.1×10^8 t 为分界线。一般多沙年呈连续年份出现，最长持续时间为 4 年（1953—1956 年），而从 1981 年以来就再也没有出现过多沙年；中沙年同样以连续年份出现为多；少沙年现象主要出现在 1986 年以后的年份，反映了近 25 年来黄河入海沙量严重锐减的现状。自 1997 年至今连续出现少沙年，少沙年连续出现的时间最长。

1.2.2.2　季节性变化

黄河入海输沙量与径流量一样，具有明显的季节性变化。多年汛期平均输沙量为

6.87×10^8 t，占多年年平均输沙量的95%以上（图1.9、图1.10），显示出汛期与非汛期输沙量的比值远大于汛期与非汛期径流量的比值。但因输沙量受径流量大小及变化的影响，同样，1991年、1997年、2000年、2001年出现汛期输沙量小于非汛期的现象，而其他年份汛期输沙量百分比占有量均超过60%（图1.10）。

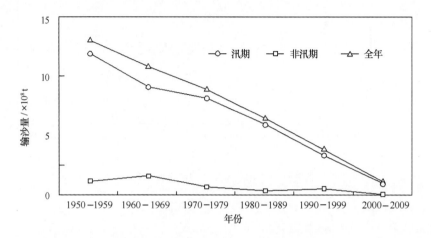

图1.9　利津站汛期和非汛期输沙量变化

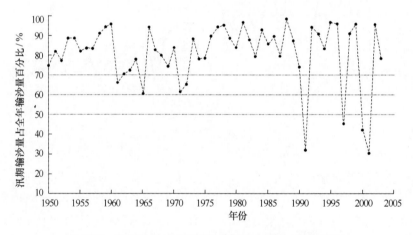

图1.10　利津站各年汛期输沙量占全年输沙量的百分比

从多年月平均输沙量来看（见图1.11），主要来沙期集中在7月、8月、9月、10月，最大值出现在8月，为2.58×10^8 t，最小值出现在1月，为310×10^4 t，前者是后者的83倍。再从单月输沙量来看，最大值为9.03×10^8 t，出现在1958年8月；最小值为0，时间对应着断流的月份。

1.2.2.3　入海泥沙组成

黄河流域地形地貌类型多样，岩体性质和组成复杂，分布着多个降雨气象气候带，加上人造工程的影响，导致不同来沙区泥沙组成差异较大。而进入河口区的泥沙主要是来源于黄土高原的细颗粒泥沙，近50年来，利津站实测悬沙粒度的均值为0.019 mm（1961—

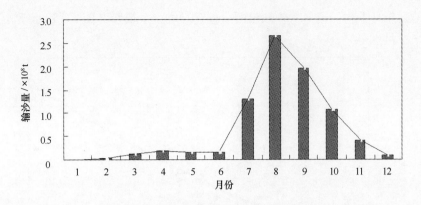

图 1.11　利津站多年平均月输沙量过程线

2010 年）（中华人民共和国水利部，2010），相当于沉积物中的中粉砂和细粉砂类型。据统计，入海泥沙中 70% 为中粉砂类型，细粉砂占 25%，极细粉砂和黏土仅为 5%。而不同年份来沙的组成差异极大（图 1.12），2009 年平均泥沙粒径为 0.034 mm 左右，而 1960年平均泥沙粒径仅为 0.006 mm 左右，两者粗细差值在 5 倍多，这与 1960 年三门峡水库拦沙蓄水和 2009 年小浪底水库放水冲沙有关。一般自然状态下相邻年份泥沙粒径组成差值在 1~2 倍，总体上与当年径流量大小有关。20 世纪 90 年代连续出现多年泥沙粒径均值变幅也较小现象，与该时段流域来水较少有关。21 世纪以来，来沙组成又出现粗化，2000—2009 年平均中值粒径为 0.027 mm，与小浪底水库放水冲沙有关。

图 1.12　利津站年均悬沙粒度过程线

1.2.3　水、沙通量关系

泥沙是随水流而运动，一般来讲，河流的径流量与泥沙的通量有较密切的关系（见图 1.13），而从图 1.14 看，丰水年、中水年、枯水年基本上分别伴随着多沙年、中沙年、少沙年的出现。另据刘勇胜（2006）的水量和沙量统计结果显示：多沙年出现在丰水年概率为 64.3%，少沙年出现在枯水年概率高达 76.9%。而中沙年在丰水年、中水年、枯水年都有出现，其概率分别为 18.5%、70.4%、11.1%。显然，中水年出现中沙年的概率最大。

利津站多年月平均径流量、输沙量的过程线对应关系较好（图1.15），反映了来水量大的月份来沙量也多。

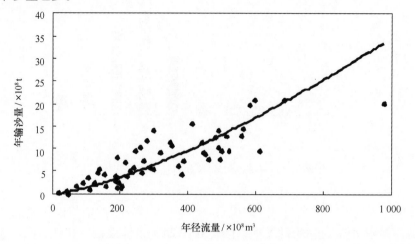

图 1.13　利津站输沙量和径流量的关系

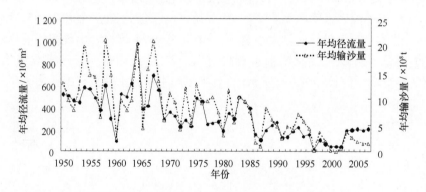

图 1.14　利津站年平均径流量和输沙量过程线

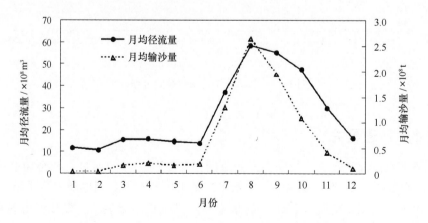

图 1.15　利津站多年月平均径流量、输沙量过程线

1.3 入海口流路演变

1855 年前黄河主要在江苏夺淮入海。1855 年，黄河在河南省铜瓦厢决口，夺大清河经利津，从山东入渤海，至今已在渤海湾和莱州湾之间堆积出约 9 380 km² 的三角洲，其中包括陆上面积约 5 880 km² 和水下三角洲 3 500 km²（尹延鸿，2003）。根据庞家珍和司书亨等数十年的研究（1979，1994，2003），确认黄河口有近 10 次大的流路改道过程（表 1.2），由于黄河水少沙多，且来沙集中，造陆速度快，同时河床淤高，河道输沙和流路扩散泥沙能力逐渐降低，入海尾闾易于决口改道。其中以宁海为顶点出现流路改道有 7 次，以渔洼为顶点出现流路改道有 3 次，自然为主决口改道有 5 次，而实施人工改道有多次（程义吉，2002）。黄河尾闾频繁改道，自上向下反复来回摆动，分别形成了以宁海和渔洼为顶点的近 10 个老、新亚三角洲叠加的大扇形堆积型三角洲（附图 2 和图 1.16），现代黄河三角洲成为世界上最年轻、变化最活跃的河口堆积型三角洲。

表 1.2 黄河入海尾闾简况（庞家珍等，1994）

	序号	改道时间	改道地点	流路名称	历 时	说 明
以宁海为顶点	0	1855 年 7 月	铜瓦厢	利津牡蛎嘴	33 年 9 个月	铜瓦厢决口
	1	1889 年 4 月	韩家垣	毛丝坨	8 年 2 个月	决口改道
	2	1897 年 6 月	岭子庄	丝网口	7 年 1 个月	决口改道
	3	1904 年 7 月	盐窝	马新河流路	22 年	决口改道
	4	1926 年 7 月	八里庄	刁口	3 年 2 个月	决口改道
	5	1929 年 9 月	纪家庄	南旺河、宋春荣沟、青驼子	3 年 2 个月	人工改道
	6	1934 年 9 月	李家埋子	甜水沟、老神仙沟、宋春荣沟	18 年 10 个月	1938 年至 1947 年 3 月，花园口扒口
以渔洼为顶点	7	1953 年 7 月	小口子	神仙沟	10 年 6 个月	人工改道
	8	1964 年 1 月	罗家屋子	钓口河	12 年 4 个月	人工改道
	9 - 1	1976 年 5 月	西河口	清水沟	20 年	人工改道
	9 - 2	1996 年 5 月	清 8	清 8 分汊		人工改道

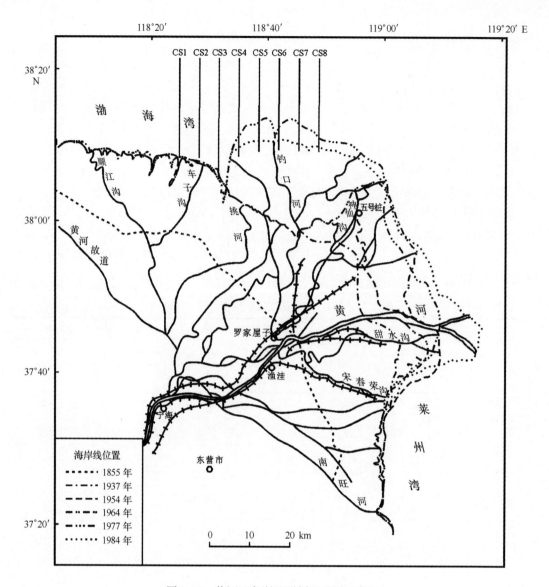

图 1.16 黄河三角洲地形剖面观测示意图

2 钓口河亚三角洲发育过程

2.1 1964—1976 年钓口河行水期流域来水来沙

利津站多年平均流量为 954 m³/s, 1964—1976 年行水期平均流量为 1 368 m³/s, 大于多年平均流量（表 2.1）。钓口河行水 12 年期间除 1972—1974 年 3 年间年径流量小于多年平均径流量值, 而属于中水年, 其他 9 年年径流量大于多年平均径流量值, 有 4 年的径流量达到丰水年, 其中, 1964 年出现器测以来最大径流量值, 年径流量为 973 × 10⁸ m³（图 1.2、表 2.1）。可见, 钓口河行水年间来水量充沛。

1964—1976 年钓口河行水期年平均来沙量为 10.8 × 10⁸ t, 明显大于多年平均输沙量（表 2.1）。此期间平均含沙量为 25.6 kg/m³, 也大于多年平均含沙量 24 kg/m³（表 2.1）, 年均最大含沙量达 42.6 kg/m³（1973 年）, 为器测以来出现的最大含沙量值。有 7 年属于多沙年, 其中, 年输沙量大于 20.0 × 10⁸ t 的出现 2 年（1964 年、1967 年）（图 1.8）, 钓口河行水年间来沙量丰富, 为钓口河亚三角洲快速淤涨发育提供了大量的沙源。

表 2.1 钓口河流路时期利津站水沙特性对比值

	年均径流量 /×10⁸ m³	年均流量/ (m³·s⁻¹)	年均最大径流量 /×10⁸ m³	年均沙量/ ×10⁸ t	年均含沙量/ (kg·m⁻³)	年均最大含沙量/ (kg·m⁻³)
钓口河 流路期	431	1 368	973 (1964 年)	10.8	25.6	42.6 (1973 年)
历年值	301	954	973 (1964 年)	7.22	24.0	42.6 (1973 年)

2.2 钓口河演变与亚三角洲形成过程

自 1964 年 1 月 1 日罗家屋子凌汛人工破堤, 黄河尾闾改道钓口河顺草桥沟入渤海湾, 至 1976 年 5 月 27 日在西河口人工改道清水沟入莱州湾, 共行水 12 年 4 个月。据黄世光等（1991）研究认为钓（刁）口河流路行水期间, 河道演变经历了漫流游荡、单一顺直、弯曲出汊摆动 3 个阶段。①漫流游荡阶段: 行水初期, 河道宽浅, 水流散乱, 游荡不定。随着时间的推移, 泥沙淤积造床, 滩面逐渐淤高, 滩槽落差增大, 逐渐发展成多股水流入海。据实测资料统计, 1964—1968 年总径流量是 3 010 × 10⁸ m³, 年平均径流量是 602 × 10⁸ m³; 总输沙量是 74.2 × 10⁸ t, 年平均输沙量是 14.8 × 10⁸ t, 为钓口河流路来水来沙最多的时期, 也是钓口河通道淤积最快的时期。而在河口口门 0 m 等深线附近淤积最厚, 至 1968 年河口口门

0 m等深线附近最大淤积速率约为2.2 m/a，向海和河口湾内东西两侧淤积厚度明显减薄。此时段钓口河口迅速向海延伸，由1963年河口至罗家屋子距离26 km，至1968年达到44 km，5年中河口延长了18 km（表2.2）（尹学良，1986）。②单一顺直阶段：1969—1972年，因泥沙淤积造床，滩面淤高，滩与槽高程差加大，形成单一顺直的河道，河势趋于稳定发展。本阶段的总径流量是1180×10^8 m^3，年平均径流量是295×10^8 m^3；总输沙量是30.0×10^8 t，年平均输沙量是7.50×10^8 t，属中等来水来沙条件。河道单一顺直，有良好的挟沙和输沙能力，有利于向海域输沙，是钓口流路海域淤积量最多、淤积范围最大的时期。整个海域基本上都是淤积区，叠合沙体的形态特征呈不规则的三角形。1971年口门0 m线附近，最大淤积厚度达12.3 m，淤积速率达4.1 m/a。此时段河口也向海延伸了14 km（表2.2）。③弯曲出汊摆动阶段：随着沙嘴的延伸，河道自上而下由单一顺直向弯曲河道发展，主槽宽深比由小变大，滩与槽高差由大变小，泄洪不畅，河槽出现壅水，导致水流溢滩，发育支汊摆动。首先在1971年10月至1974年10月河口向东北出汊，此期间的总径流量为1 050×10^8 m^3，总输沙量为30.3×10^8 t；年平均径流量为263×10^8 m^3，年输沙量为7.57×10^8 t，属于水少沙中期。此期间口门摆动距离达12~16 km，形成淤积厚度各异的不规则长椭圆形的叠合沙体。泥沙淤积区主要在东北部的15 m水深以内的海区，有3个淤积厚度分别为8 m、6 m和2 m的淤积中心，大致反映了1971—1974年口门摆动的位置。尔后的1974年11月至1976年5月向西北出汊摆动至118°40′E附近入海，此期间的总径流量为714×10^8 m^3，总输沙量为17.7×10^8 t；年平均径流量为357×10^8 m^3，年平均输沙量为8.85×10^8 t，属于中等水沙的时期。主要淤积区在西北部10 m水深以内的海区，该叠合沙体的形态特征似扁椭圆形。1976年口门的0 m线附近，最大淤积厚度6.2 m，淤积速率为3.9 m/a，仅次于单一顺直阶段。由于河口多次出现南北摆动，河口淤积范围扩大，但是河口长度出现萎缩（表2.2）（尹学良，1986）。可见，在钓河口行水期间，不同汊道行水时段形成的淤积沙体，彼此间不是单纯的叠加，而是在不断冲淤塑造过程中的叠合，构成一个完整的亚三角洲沙体（见图2.1）。整个行水期间形成的亚三角洲，其形态特征是不规则的大扇形体。

表2.2　钓口河口长度变化统计（起点为罗家屋子）（尹学良，1986）　　　单位：km

年份	1963	1964	1965	1967	1968	1969	1972.6	1972.7	1972.9	1974	1976
河口长	26	40	42	42	44	50	58	55	60	43	59

1976年5月黄河改走清水沟入海，钓口河流路塑造的亚三角洲成为废弃亚三角洲。由于清水沟新流路泥沙扩散引起的造床作用范围有限，其影响北界不超过黄河海港，清水沟流路输沙在飞雁滩的沉积通量在1 mm/a以下（李东风等，1998；李福林等，2000；李国胜等，2005）。因而，黄河三角洲北部失去河流来沙直接补给，完全处于潮汐、波浪和风暴潮等海洋动力的作用下，岸滩不断侵蚀后退，泥沙向外海扩散。据统计，在钓口河行水期间（1964—1973年），大约有35.9%的黄河来沙共40.67×10^8 t向外海扩散（董年虎，1997）。表明在泥沙充足的条件下，此海域泥沙年均扩散能力达到近4.0×10^8 t/a，由此可见潮流、波浪输沙能力之强。在失去泥沙补给的情势下，黄河三角洲北部岸滩的快速后退也就成为了必然。

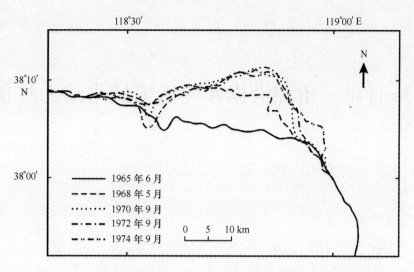

图 2.1　钓口河低潮线变化与亚三角形成过程（师长兴等，2003b）

3 钓口河亚三角洲沿岸和邻近海域水动力特征

3.1 现场观测和数据处理

3.1.1 现场观测

2004年4月15—29日，在钓河口（飞雁滩）外海域进行了多测点水文观测、沉积物采样、浅地层探测和钻孔取样等现场调查（图3.1）。3条船同步分别进行A、B、C测站和E、B、D测站的潮流流速、流向、盐度、含沙量等要素的连续26 h观测，F站近岸潮流流速、流向、盐度、含沙量等要素的连续观测。水文观测方法，按常规6点法（即表层、0.2H层、0.4H层、0.6H层、0.8H层、底层；H为水深）每小时正点时刻观测1次；采取岸滩和近岸水域表层沉积物（采样厚度小于5 cm）样百余个；在飞雁滩高潮滩钻孔1个，使用车载式钻机取得直径9 cm深30 m的柱状样，并分割成1 m长分别在PVC管中密封保存，取得柱状沉积层岩芯样30余个，同时采取了3~8 m深浅层钻孔样多个。泥沙粒度分析使用Coulter公司LS－100Q型激光粒度仪测试，其测试粒径范围为0.000 4~0.9 mm；表层沉积物在波流水槽中进行粗化过程试验；柱状样利用高速水流泥沙水槽进行原状土抗冲刷试验。

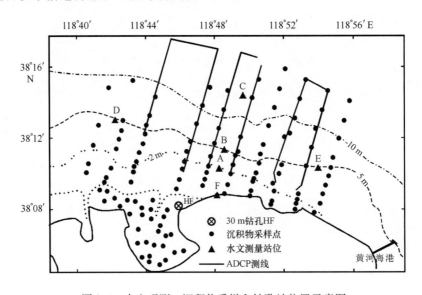

图3.1　水文观测、沉积物采样和钻孔站位置示意图

3.1.2 潮流基本要素数据处理与计算方法

3.1.2.1 河流河口水文学方法（方法1）

1）垂线平均流速、流向和含沙量计算方法

传统水文学中，对垂线6点法量测各水层实测点潮流流速、流向、含沙量，使用以下公式计算垂线平均流速［公式（3.1）］、流向［公式（3.2）］和含沙量值［公式（3.3）］：

$$\bar{v} = \frac{1}{\sum k_i} \sum_{i=1}^{m} k_i v_i \tag{3.1}$$

$$\bar{\alpha} = \frac{1}{\sum k_i} \sum_{i=1}^{m} k_i \alpha_i \tag{3.2}$$

$$\overline{CS} = \frac{1}{\sum k_i} \sum_{i=1}^{m} k_i CS_i \tag{3.3}$$

式中，v_i 为第 i 层实测流速，α_i 为第 i 层实测流向，CS_i 为第 i 层实测含沙量，k_i 为面积加权系数（即：表层、$0.2H$ 层、$0.4H$ 层、$0.6H$ 层、$0.8H$ 层、底层分别对应的系数为1、2、2、2、2、1），m 为垂线流速、含沙量实测层数。

2）单宽潮量和输沙量计算方法

往复流明显的河口或近岸海域，可以将潮流、输沙方向概化为涨、落潮流两个相反方向，这样单宽潮量［公式（3.4）］和输沙量［公式（3.5）］计算就可采用潮周期分解为涨潮和落潮分别进行计算，同时分别以落潮流为正、涨潮流为负值表示，其涨落潮量或输沙量代数和为潮周期内净潮量和净输沙量。落潮和涨落潮总量比值用于表示优势流［公式（3.6）］和优势沙［公式（3.7）］。公式如下：

$$W_q = \sum_{1}^{n-1} \overline{v_{(i,i+1)}}\, \overline{H_{(i,i+1)}} (t_{i+1} - t_i) = \sum_{1}^{n-1} (V_i + V_{i+1})(H_i + H_{i+1}) \frac{3\,600}{4} \tag{3.4}$$

$$W_s = \sum_{1}^{n-1} \overline{V_{(i,i+1)}}\, \overline{H_{(i,i+1)}}\, \overline{CS_{(i,i+1)}} (t_{i+1} - t_i) = \sum_{1}^{n-1} (V_i + V_{i+1})(H_i + H_{i+1})(CS_i + CS_{i+1}) \frac{3\,600}{8} \tag{3.5}$$

$$优势流 = \frac{W_{qe}}{W_{qe} + W_{qf}} \times 100\% \tag{3.6}$$

$$优势沙 = \frac{W_{se}}{W_{se} + W_{sf}} \times 100\% \tag{3.7}$$

式中，W_q 为单宽潮流量，W_{qe} 为单宽落潮潮流量，W_{qf} 为单宽涨潮潮流量；W_s 为单宽输沙量，W_{se} 为单宽落潮输沙量，W_{sf} 为单宽涨潮输沙量；V_i、H_i、CS_i 分别为 i 时刻流速、水深和含沙量；t 为时间；n 指若干个潮周期内连续观测总次数。

3）潮周期平均流速和含沙量计算公式

$$\bar{V} = \frac{1}{n} \sum_{1}^{n} \bar{v_i} \tag{3.8}$$

$$\overline{CS} = \frac{1}{n} \sum_{1}^{n} \overline{CS_i} \tag{3.9}$$

3.1.2.2 海洋水文学方法（方法2）

河流河口水文学方法计算潮流特征值时，由于河口近岸地带潮流方向集中，将流速方向概化为涨落潮两个方向，统计得到特征值往往是标量。而海洋测量规范中计算垂线平均流速流向、垂线平均含沙量，首先将实测流速在 x、y 方向上分解 [公式（3.10），公式（3.11）]，分别计算两个方向的垂线平均再进行合成 [公式（3.12），公式（3.13），公式（3.14）]，使用矢量和计算原理，计算公式分别为：

1）实测潮流速分解

$$V_{x_i} = V_i \sin \alpha_i \tag{3.10}$$

$$V_{y_i} = V_i \cos \alpha_i \tag{3.11}$$

式中，Vx_i 为第 i 层东分量流速，V_{y_i} 为第 i 层北分量流速，V_i 为第 i 层实测流速，α_i 为第 i 层实测流向。

2）垂线平均流速、流向和含沙量计算方法

$$\overline{V_x} = \frac{1}{\sum k_i} \sum_{i=1}^{m} k_i V_{x_i} \tag{3.12}$$

$$\overline{V_y} = \frac{1}{\sum k_i} \sum_{i=1}^{m} k_i V_{y_i} \tag{3.13}$$

$$\overline{V} = \sqrt{V_x^2 + V_y^2} \tag{3.14}$$

$$\overline{\alpha} = \operatorname{arctg} \frac{\overline{V_y}}{\overline{V_x}} \tag{3.15}$$

$$\overline{Cs} = \frac{1}{\left(\sum k_i \right) \overline{V}} \sum_{0}^{m} k_i Cs_i V_i \tag{3.16}$$

3）单宽潮量和输沙量计算

$$W_q = \sum_{1}^{n-1} (V_i H_i + V_{i+1} H_{i+1})(t_{i+1} - t_i)/2 \tag{3.17}$$

$$W_s = \sum_{1}^{n-1} (CS_i V_i H_i + CS_{i+1} V_{i+1} H_{i+1})(t_{i+1} - t_i)/2 \tag{3.18}$$

式中，W_q 为单宽潮流量；W_s 为单宽输沙量；H 为水深；t 为时间。

4）潮周期平均流速和含沙量计算公式

$$潮平均流速：\overline{V} = \frac{\sum_{1}^{n-1} (V_{i+1} H_{i+1} + V_i t_i)(t_{i+1} - t_i)/2}{(t_n - t_1) \overline{H}} \tag{3.19}$$

$$平均含沙量：\overline{CS_w} = \frac{W_s}{W_q} \tag{3.20}$$

式中，水深单位 m；流速单位 m/s；流向单位（°）；流量单位 m^3/s；含沙量单位 kg/m^3；潮量单位 m^3；输沙量单位 kg。

潮周期内净潮流量和输沙量的两种方法的计算方式是相同的，都是根据每个小时垂线平均流速和流向，投影在笛卡尔坐标系上，根据矢量和原理计算整个潮周期的潮流净输移量和输沙量。以 C 测量点作为两种方法试算数据，分别计算每小时垂线平均流速、流向、含沙量，单宽流量、单宽输沙量、潮平均流速、潮平均输沙量和潮平均含沙量值并进行比较，如图 3.2 和表 3.1 所示。

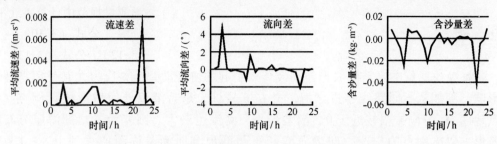

图 3.2　两种方法计算垂线平均流速、流向和含沙量差值

　　图 3.2 中是方法 1 减去方法 2 得到的差值。垂线平均流速、流向、含沙量差值都不大，平均误差值分别不足原测量值的 0.3%、0.2% 和 1.2%。两种计算方法，第一种方法计算的流速值比第二种大，因为代数和比矢量和大；而含沙量第二种方法计算结果略大，是因为第二种方法以各层流速作为分层含沙量的权重，含沙量高的底层的流速小，含沙量低的表中层流速大，因此第二种方法计算的含沙量略大；第一种计算方法直接根据流向数值求平均值往往出现很大误差，第二种方法由 X 轴 Y 轴方向的垂向平均净值得到垂向平均流向，准确可靠。所以，两种方法在垂向平均流向计算中就会出现较大的差异，但是 C 测点数据没有表现出来，与 C 测点位复流性质较好，涨、落流向较集中有关。

表 3.1　不同公式计算的潮流、输沙量特征值比较

	单宽潮量 / ×10⁴m³	单宽输沙量 / ×10⁴kg	潮平均流速 / (m·s⁻¹)	潮平均输沙量 / (kg·m⁻³)	优势流	优势沙	余流速/ (m·s⁻¹) 方向 (°)	余沙/ (kg·s⁻¹) 方向 (°)
方法 1	41.96	27.48	0.394	0.662	0.36	0.38	0.106/158	0.063/156
方法 2	43.04	28.18	0.390	0.655	0.36	0.38	0.106/157	0.063/156
相对误差	0.64%	0.63%	0.26%	0.27%	≈0	≈0	≈0 (0.14%)	≈0 (0.13%)

　　从表 3.1 可以更清楚地看到，潮周期总量特征值可以看到两种方法的微小的差别，除以时间后的平均特征值保留 3 位有效小数的结果是一致的。整体来说，数值上两种方法没有太大的差别，相对误差都在 0.7% 以下。

　　从物理意义角度出发，第一种方法是标量计算，在计算垂向平均值概化各层的流向差异，垂向平均为代数平均值；方法二是矢量计算，在计算过程中将各层的流速在正交坐标系上分解，各层流速在 X、Y 方向上可能出现相反的流速，矢量和比实测数值小，垂向平均潮流方向准确，物理意义明确。因此第一种方法在研究水动力与沉积物相互作用时更为适用，垂线平均流速数值更接近实际；而第二种方法在判断输移方向上存在优势，计算潮

周期内净潮量、净输沙量时，即计算单点欧拉余流时应采用第二种方法。而在钓口河外水域其两种方法计算的相关物理量值差异小，可能是由于该海域呈典型的往复流有关。这也表明往复流性质明显的河口和近海岸水域两种数据处理方法均可靠。

3.2 潮差

渤海潮汐现象主要是由太平洋潮波传入引起的协振动，受科氏力尤其是海湾地形的影响，潮波从不同路线传进渤海，并在五号桩、东营港以外海域形成无潮点。无潮点地区 M_2 分潮振幅接近于 0，潮差最小、潮流速最大。潮差沿三角洲海岸分布呈马鞍形，以无潮点为中心，向渤海湾和莱州湾顶方向潮差逐渐增大到 1.8 ~ 1.6 m（胡春宏和曹文洪，2003；燕峒胜等，2006），平均潮差在 0.3 ~ 1.7 m 之间，钓口河平均潮差在 1.2 m 左右，2004 年 4 月 15—29 日实测大潮最大潮差为 1.42 m，最小潮差仅为 0.65 m。黄河三角洲海岸潮汐类型较多，分为不规则半日潮、不规则全日潮等。神仙沟口外局部海域为不规则全日潮，全日潮区基本上与 M_2 分潮的无潮点会合，离神仙沟口越远，半日潮性质越明显。

3.3 潮流

3.3.1 实测潮流流速及平面分布特征

钓口河近岸海域潮流平面分布格局受其 M_2 分潮无潮点影响，渤海湾潮波是逆时针方向传播，但在钓口河口外海域处在一个反向的环流系统中，涨潮流方向向西，落潮流向东，呈现东西向往复流性质。从各测点的潮流速玫瑰图（图 3.3）看，潮流与岸线和等深线大致平行，A、B、C、D、E 测站涨潮平均流向分别为 308°、279°、288°、262° 和 296°，落潮平均流向分别为 112°、111°、117°、100° 和 118°（表 3.2）。涨潮流较为集中，落潮流略有一些分散，主要与开阔的飞雁滩落潮下滩水流汇入该调查海域有关。

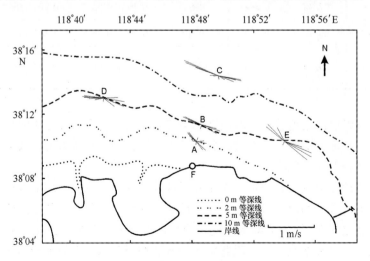

图 3.3　实测大潮潮流玫瑰图

从表3.2和图3.4看，一个潮周期涨潮流历时为6.0~6.9 h，落潮流历时为5.1~5.7 h，涨潮流历时略长于落潮，近岸水域和深水区的潮流存在相位差，随着水深的增大，涨、落潮起始时刻逐渐推迟，相应的逐时潮流速也出现逐渐后推，深水（水深12.5 m）的C站涨、落潮憩流和涨、落潮急流时比浅水区A站（水深2.0 m）晚1 h左右（图3.4），符合浅滩（浅水区）潮流先涨先落的规律。

该海域实测流速较小，近岸水域流速更小（表3.2）。涨潮平均流速为0.22~0.48 m/s，最大涨潮流速为0.80 m/s，落潮平均流速在0.18~0.51 m/s，最大落潮流速为0.67 m/s。由于潮流速普遍较小，涨潮与落潮平均流速差异不大。

表3.2　实测流速、含沙量特征值（2004年4月19—24日）

	特征值	A 站	B 站	C 站	D 站	E 站
落潮	历时/h	5.7	5.4	5.9	5.1	5.7
	平均水深/m	2.79	6.76	12.90	6.16	6.33
	平均流速/（m·s^{-1}）	0.18	0.30	0.33	0.32	0.51
	平均流向/（°）	112	111	117	100	118
	最大流速/（m·s^{-1}）	0.28	0.42	0.51	0.48	0.67
	平均含沙量/（kg·m^{-3}）	0.451	0.238	0.647	0.578	/
涨潮	历时/h	6.0	6.8	6.3	6.8	6.9
	平均水深/m	2.43	6.44	12.8	5.4	5.66
	平均流速/（m·s^{-1}）	0.22	0.28	0.48	0.31	0.32
	平均流向/（°）	308	279	288	262	296
	最大流速/（m·s^{-1}）	0.28	0.47	0.80	0.48	0.52
	平均含沙量/（kg·m^{-3}）	0.473	0.379	0.657	0.520	/

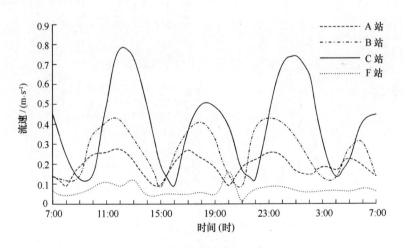

图3.4　潮流流速过程线

从各实测垂线平均流速潮周期变化看（图3.4），不论是深水还是浅水，潮流速随时间变化过程呈正弦曲线分布。由于潮流在运动过程中常常受到不同地形的摩擦阻力影响，浅水区摩擦阻力大，使得潮流速度小，而深水区潮流速相对就大。近岸的 F 站的潮流速基本保持在 0.1 m/s 以下，A（2 m 水深）、B（5 m 水深）、C（12.5 m 水深）3 个测站涨潮最大垂线平均流速依次为 0.28 m/s、0.47 m/s 和 0.80 m/s，落潮最大垂线平均流速分别为 0.28 m/s、0.42 m/s、0.51 m/s（表 3.2）。

3.3.2　垂向潮流流速随时间分布特征

图 3.5a – e 为各测站垂线流速随时间剖面分布图，由于该海域属于非正规浅海半日潮，在一个潮周期内流速出现两大和两小，最大流速出现在涨急和落急时刻，最小流速出现在涨憩和落憩时刻。又因潮流运动过程受地形的影响，潮流速与水位存在相位差，即最大潮流速或最小流速并未出现在高潮位或低潮位，一般潮流速比水位滞后 1 h 左右。再从潮流速垂线分布上看，在低流速时（憩流前后时段）上、中、下各层流速差值并不十分明显，等流速线呈上、中、下垂直贯穿线分布。高流速时（最大流速时段），由于上层流

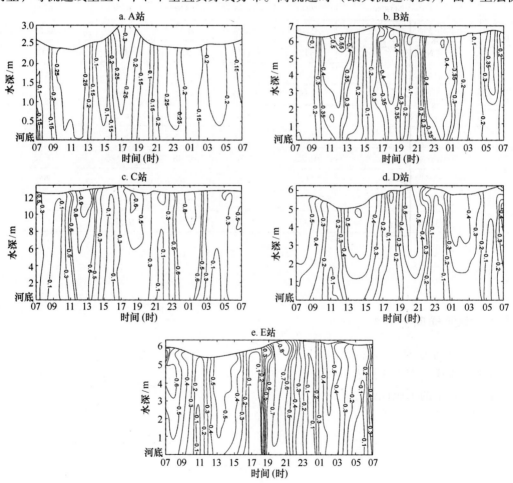

图 3.5　实测潮流流速垂向分布随时间过程（m/s）

速比中层大，中层流速比下层大，最大流速时刻比前后时段流速大，在高流速时（最大流速时段）垂向流速分布则呈现"U"或"V"字形等值线分布，此时最大流速出现在上层，符合流速垂线分布的基本规律。

3.3.3 余流

利用公式（3.6）、公式（3.14）和公式（3.15），分别对 A、B、C、D 和 E 测站实测潮流进行余流和潮优势流计算，从图 3.6 看，由于受地形（包括曲折岸线）阻力和开阔的滩地涨潮扩流而落潮汇流影响，该海域余流值及方向差异较大，总体上余流方向为 300°左右（A、B、C 测站），为涨潮优势流，越向深水处余流愈大，A、B、C 测站余流速分别为 3.2 cm/s、5.0 cm/s 和 10.6 cm/s。另一测次的 D 站和 E 站，D 站的余流速非常小，仅为 1.6 cm/s，靠近黄河三角洲突出岬角部位的 E 站，其余流速可达 10.0 cm/s，方向为 68°指向外海，易于携带岸滩泥沙向外扩散。

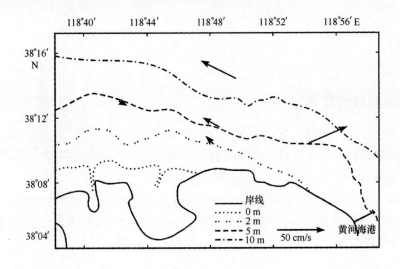

图 3.6 余流分布示意图

3.3.4 潮流横向分布特征

在该海域利用 ADCP 测量仪进行横断面走航式观测潮流速和流向，潮流高流速时刻提取垂线平均流速，沿水深流速分布呈正相关，水深越大，垂线平均流速越大。因此，以此表示在近岸特定的水域地带的垂线平均流速沿水深的横向分布特性（见图 3.7）。

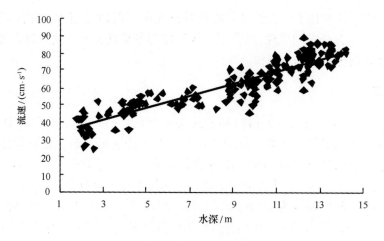

图 3.7 垂线平均流速和水深关系

3.4 波浪

3.4.1 波浪衰减计算方法

范顺庭和王以谋（1999）根据黄河口五号桩海域 3 m、5 m、7 m、12 m、14 m 等水深处进行 4 年连续波浪观测资料，得出风浪平均周期与平均波高关系：$\bar{H} = 0.033\,8\,\bar{T}^2$，将平均波高 $\bar{H}$ 换算成 $H_{1/10}$ 得到：$T = 3.82\sqrt{H_{1/10}}$。

波浪从深水向近岸传播过程中，由于受地形地物和水流等影响而发生一系列变化（严恺等，2002），以破波带为界分为内、外两水域，破波带以外主要受底摩擦等地形作用使波浪不断衰减，地形作用包括浅水效应、折射和底部摩擦作用，可表示为：

$$\frac{H}{H_0} = K_s K_r K_f \tag{3.21}$$

式中，K_s、K_r 和 K_f 分别是浅水系数、折射系数和底摩擦系数。其中，浅水系数、折射系数根据小振幅波理论，计算方法如下：

$$K_s(0,i) = \frac{H_i}{H_0} = \left[\frac{2\mathrm{ch}^2(kd)}{2kd + \mathrm{sh}(2kd)}\right]^{0.5} \tag{3.22}$$

则有：

$$K_s(i,i+1) = \frac{H_{i+1}}{H_i} = \frac{\mathrm{ch}^2(K_{i+1}d_{i+1})}{\mathrm{sh}(2k_{i+1}d_{i+1}) + 2k_{i+1}d_{i+1}} \cdot \frac{\mathrm{sh}(2k_i d_i) + 2k_i d_i}{\mathrm{ch}^2(k_i d_i)} \tag{3.23}$$

当 $h/L_0 < 0.1$ 时，需要用椭圆余弦波理论计算 K_s，根据岩恒雄一公式（严恺和梁其荀，2002）：

$$K_s = K_{s0} + 0.001\,5\left(\frac{h}{L}\right)^{-2.8}\left(\frac{H_0}{L_0}\right)^{1.2} \tag{3.24}$$

式中，波长根据公式 $L = \frac{gT^2}{2\pi}\mathrm{th}(kd)$ 迭代计算得到，其中，波数 $k = 2\pi/L$。

$$K_r(0,i) = \sqrt{\frac{\cos \alpha_0}{\cos \alpha_i}} = \frac{\cos^{0.5}\alpha_0}{[1 - \sin^2\alpha_0 \text{th}^2(kd)]^{0.25}} \tag{3.25}$$

因此

$$K_r(i,i+1) = \frac{K_r(0,i+1)}{K_r(0,i)} = \sqrt{\frac{\cos \alpha_i}{\cos \alpha_{i+1}}} \tag{3.26}$$

根据斯奈尔折射定律可以得到:

$$\alpha_{i+1} = \arcsin\left(\sin \alpha_i \frac{\tanh(k_{i+1}d_{i+1})}{\tanh(k_i d_i)}\right) \tag{3.27}$$

将上式代入前式,即可求得 $K_r(i,i+1)$。

底摩擦系数根据二断面间(假设从 1 传播至 2)波能传递率的变化即断面间摩阻剪应力产生的波能损耗计算得到。波能损耗按 Bretschneider-Reid(严恺和梁其荀,2002)提出的:

$$\frac{E_2 C_2 n_2 - E_1 C_1 n_1}{\Delta x} = -\frac{3}{4}\rho f \pi^2 \frac{H^3}{T^3 \text{sh}^3(kd)} \tag{3.28}$$

假设两断面 $d_1 = d_2$,$L_1 = L_2$,$C_1 = C_2 = \frac{gT^2}{2\pi}\text{th}(kd)$,化简得到

$$K_f = \frac{H_2}{H_1} = \left[1 + \frac{64\pi^3 f H_1 X K_s^2}{3g^2 T^4 \sinh^3(kd)}\right]^{-1} \tag{3.29}$$

式中,X 为水深 H_1 到 H_2 波浪传播所经过的距离,L 为波长,T 为波周期,d 为水深,f 为摩擦系数。

波浪传播至近岸,发生破碎,发生破碎时的破波波高和破波水深判别式为:

$$\frac{H_b}{L_0} = A\left[1 - \exp\left(-1.5\frac{\pi D_b}{L_0}(1 + 15i^{4/3})\right)\right] \tag{3.30}$$

式中,H_b 和 D_b 分别为破波波高和破波水深;L_0 为深水波长;A 为常数,取值 0.12;i 为坡度,岸滩平缓可忽略不计,则破波判断公式可简化为:

$$H_b \geq 0.1872T^2\left[1 - \exp\left(\frac{-3.02D_b}{T^2}\right)\right] \tag{3.31}$$

破波带内波高衰减表达式为(虞志英等,1986):

$$H^{2.5} = 0.455d_b^{2.5} - 0.438d_b^{-0.1}(d_b^{2.6} - d^{2.6}) \tag{3.32}$$

式中,d 为推算点水深,d_b 为破波点 b 处的水深。

3.4.2　波浪特征值统计

渤海是一个半封闭的内陆海,仅以渤海海峡与外海相通,且海峡间有众多岛屿,对外海大浪起到屏蔽作用,因此,海湾水域波浪以风浪为主,生成快消失快,波周期较小。据飞雁滩近岸水域实测波浪资料(表 3.3),该区波浪以风浪为主,常浪向为 NE,频率为 10.3%。强浪主要来自 NNE – ENE,尤以 NE 向最强,其次为偏 NW 向。从波高(H)出现频率看,$H < 0.5$ m 的波浪占 51.2%,0.5 m $\leq H < 1.5$ m 的波浪占 36.5%,1.5 m $\leq H < 3.0$ m 的波浪占 11.8%,$H > 3$ m 的浪高占 0.5%。再从波高($H_{1/10}$)出现频率看,$H_{1/10} \geq$

2.5 m 的波浪占 0.6%，$H_{1/10} \geqslant 2.0$ m 的波浪占 2.0%，1.0 m $\leqslant H_{1/10} < 2.0$ m 的浪高占 11.9%，0.5 m $\leqslant H_{1/10} < 1.0$ m 浪高占 25.8%，$H_{1/10} < 0.5$ m 的波浪占 59.7%，所以波高小于 0.5 m 的波浪为常见浪。飞雁滩海岸总体呈 E—W 走向。这样的岸线走向均面对常浪和强浪向，从而加大了海岸受波浪侵蚀的频度和强度。

表 3.3　飞雁滩近岸波浪分级频率（%）和波高、周期特征值（陈沈良等，2005）

方向	N	NNE	NE	ENE	E	ESE	SE	SSE	S	SSW	SW	WSW	W	WWN	WN	WNN	累计频率
0 m $\leqslant H <$ 0.5 m	2.3	1.8	2.7	1.5	2.4	3.5	3.5	3.5	3.7	4.6	4.3	3.3	3.9	3.1	5.2	1.8	51.2
0.5 m $\leqslant H <$ 1.5 m	2.1	1.9	4.0	2.5	4.1	2.3	3.8	2.1	1.4	1.7	0.9	0.9	1.0	1.4	2.5	3.7	36.5
1.5 m $\leqslant H <$ 3.0 m	0.4	1.4	3.4	3.0	1.2	0.7	0.8	0.2	0.2	0.1	0.1	0.1	0	0	0	0.2	11.8
3.0 m $\leqslant H <$ 5.0 m	0.1	0	0.2	0	0	0.1	0	0	0	0	0	0	0	0	0	0	0.5
总频率	5.0	5.1	10.3	7.3	7.7	6.6	8.1	5.9	5.3	6.4	5.3	4.3	4.9	4.5	7.7	5.6	100
最大 $H_{1/10}$ 波高/m	3.0	2.5	3.1	3.3	2.5	3.0	2.8	2.6	0.8	2.0	1.5	2.4	1.1	1.0	1.4	2.1	/
最大平均周期/s	7.4	7.5	8.2	7.4	6.0	5.8	6.7	6.3	5.2	6.4	6.0	5.1	6.5	5.7	5.8	6.4	/
最大波高/m	4.6	3.8	5.8	4.1	3.6	4.7	4.5	3.4	2.1	2.7	2.0	3.4	2.7	2.2	3.0	3.5	/

寒潮形成的风浪出现频率最高，浪高最大，实测的最大浪高为 5.8 m，周期 9.0 s，NE 向，出现在 1984 年 11 月 17 日。一般每年 10 月开始发生寒潮，7~15 天出现 2~3 次，最大波高可在 3 m 以上。气旋浪出现频率为每年 2~3 次，实测最大浪高 2.1 m。台风浪出现频率最低，平均 2~3 年 1 次，实测最大浪高 4.2 m。一般天气过程形成的海浪在 1.5 m 以下。研究区域不同月份出现的平均波高、最大波高和波周期差异大。一般而言，夏季平均波高在 0.4 m 左右，最大波高在 2.0~2.5 m。而冬季平均波高在 0.6 m 左右，最大波高在 3.0~5.8 m，冬季风浪强于夏季。

陈沈良等（2005）根据实测资料，并利用佐藤公式（李平和朱大奎，1997）计算得到飞雁滩海岸水域各级波浪的破碎深度、扰动深度和相应的频率（表 3.4）。可见，波浪破碎位于水深 6.5 m 以浅、水深大于 6.5 m 水域波高超过 5 m 的浪才有可能出现破碎，破碎频率随水深增大而减小。根据破碎深度及其对应的频率，把飞雁滩海岸 0~2 m 水深地带称为高频破碎带，其中又以 0~0.64 m 的浅水带破碎频率最高，频率达 51.1%，即全年有一半以上的波浪在浅水地带破碎，因此 0 m 水深地带附近成了侵蚀最强的部位（表 3.4）；约在 2~6.5 m 水深之间为低频破碎带，破碎频率约 12%，蚀退速率趋于减小；大于 6.5 m 的深水地带，破碎频率降至 0.5% 以下。

表 3.4　飞雁滩近岸水域波浪破碎水深、扰动水深及频率计算值（据陈沈良等，2005）

波级/m	破碎水深度/m	破碎频率/%	扰动水深度/m	扰动频率/%
0 $\leqslant H <$ 0.5	0~0.64	51.1	0~1.56	98.7
0.5 $\leqslant H <$ 1.5	0.64~1.92	35.3	1.56~6.59	47.6
1.5 $\leqslant H <$ 3.0	1.92~3.84	11.8	6.59~13.10	12.3
3.0 $\leqslant H <$ 5.0	3.84~6.44	0.5	13.10~15.30	0.5

3.4.3　波浪横向衰减过程

　　选取剖面 CS1、CS5 和 CS8 作为 3 种不同类型且具有代表性的地形剖面（图 1.16），水深从 0 m 至 14 m 的横断面地形剖面（图 3.8a–c），分别计算了 0.5 m、1.0 m、2.0 m、3.0 m 和 4.0 m 波高条件下的波浪摩阻流速沿水深分布变化值（图 3.9a–c）。整体上风浪从深水区向岸传播，底摩阻流速出现缓慢增大。同一剖面，相同波浪条件下因不同年份的地形发生冲淤变化，使得横向摩阻流速分布存在较大的不一致性，依据 2002 年地形计算的摩阻流速要小于依据 1976 年地形计算的摩阻流速，尤其在大风浪期近岸浅水区摩阻流速差值更加明显。1976 年是钓口河口及亚三角洲淤涨发育鼎盛的末期，近岸浅滩开阔，河口口外邻近水域海床快速淤涨抬高，前坡地形较陡，近岸地形剖面均构成为上凸型（图 3.8a–c）。而由于 1976 年黄河改由小清河入海，钓口河及其形成的亚三角洲进入废弃期，失去来沙后的钓口河口及亚三角洲近岸浅滩开始出现侵蚀后退，至 2002 年由于近岸地形的持续蚀退，近岸地形高程普遍出现整体下降，地形剖面形态由 1976 年的上凸型，已经演变为下凹型。从地形形态来看，1976 年地形从 14 m 水深向岸迅速过渡到坡度最大的前缘斜坡，浅水效应比 2002 年显著。所以，1976 年上凸型地形对波浪底摩阻流速产生的影响力比 2002 年的要大，并且波浪破碎发生在更深水深，即前缘斜坡地带。因此，随着钓口河和亚三角洲近岸地形不断蚀退及地形高程的下降，其波浪作用的底摩阻流速也在减小，而海床的冲刷带来床面沉积物组成粗化，波浪底摩阻流速的减小程度将被逐渐抑制。对于不同类型形态的地形剖面，其波浪底摩阻流速差异要较大，CS1 地形剖面波浪底摩阻流速最小，CS8 剖面最大。波浪在向岸传播的过程中，不同形态的地形对波浪传播过程中的底摩擦所消耗能量不同。因此，地形平顺且床面沉积物偏细水域底摩擦小，而地形陡峭并高低不平且床面沉积物偏粗海域底摩擦就大。

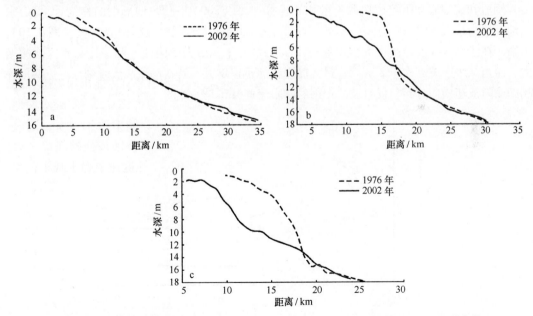

图 3.8　1976 年和 2002 年 CS1 剖面（a）、CS5 剖面（b）和 CS8 剖面（c）地形变化

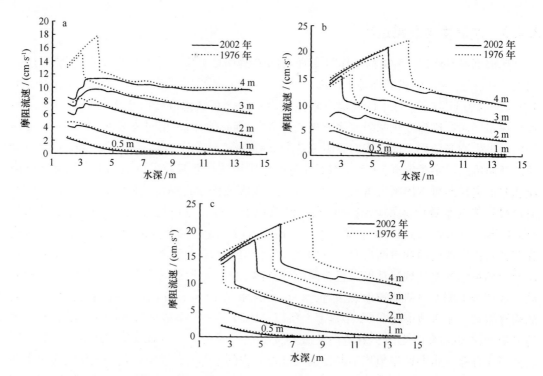

图 3.9　不同波高传递过程中 CS1 站（a）、CS5 站（b）和 CS8 站（c）地形
剖面的摩阻流速横向分布

3.4.4　波流共同作用

　　潮流和波浪底摩阻流速按照矢量和原理叠加，以 2002 年 CS8 地形剖面作为计算实例，当潮流速为最大值时，计算得到不同波高波浪叠加的最大摩阻流速横向分布值（图 3.10）。可知，在浅水区随着波高增大但不超过 2 m 的情况下，最大摩阻流速明显比深水区增幅要大，而当深水区波高大于 2 m 后，最大摩阻流速迅速增大。若在潮流憩流时刻，波流共同作用的摩阻流速横向分布与仅有波浪作用底摩阻流速分布是一致的（图 3.9a－c）。

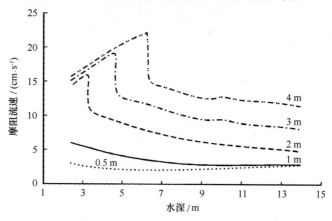

图 3.10　波流共同作用下 CS8 地形剖面摩阻流速横向分布

1976 年后，钓口河亚三角洲近岸潮流流速呈现减小的趋势（郝琰等，2000），且按 1976 年地形计算的波浪底摩阻流速绝大部分比 2002 年的大，因此，可以认为该海域波流共同作用的底部摩阻流速从钓口河废弃伊始逐渐减小。

3.4.5 风暴潮

风暴潮是在剧烈变化的天气系统作用下，近岸地区海面产生水位急剧升降的极端现象（丁东和董万，1995）。黄河三角洲风暴潮发生原因有两个：一是夏秋季台风北上引发的台风风暴潮，二是冬春季内陆冷锋过境引起的风暴潮。当东南风转东北风这种情况发生时，东南风将黄海水体吹向渤海内，东北风使渤海水体在西南岸发生壅水，黄河三角洲沿岸最易发生风暴潮（宋红霞等，2000）。

温带风暴潮出现频率高、风力大、涨潮快，多发生在春季的 4 月和 5 月。近 50 年来，在黄河三角洲地区出现 4 次温带风暴潮，其中有 3 次发生在春季的 4 月。台风风暴潮主要发生在夏秋季的 8 月和 9 月。台风风暴潮往往是风浪高、潮位高、增水大、潮差大。但一般来说，北上的台风次数较少，而且衰减较快，且不一定遇上天文大潮，所以形成大灾的次数较少。表 3.5 为宋红霞等统计的 1949 年以来黄河三角洲地区发生的主要风暴潮。黄河三角洲海岸坡度平缓，风暴潮增水可使大面积滩地和内陆土地被淹，同时风暴潮期间强烈动力条件改变了原已形成的动态平衡状态，破坏了长期在正常自然环境下形成的地质体，可使潮滩和海岸线后退达数十米。

表 3.5 1949 年以来黄河三角洲地区的风暴潮灾害统计（宋红霞等，2000）

时间	类型	最高潮水位/m		海水入侵范围/km	潮况
		站名	潮位		
1964 – 01 – 05 ~ 04 – 06	温带风暴潮	羊角沟 岔尖堡	3.38 3.78	22 ~ 27	特大
1969 – 04 – 23	温带风暴潮	羊角沟 岔尖堡	3.88 3.48	20 ~ 25	特大
1980 – 04 – 05	温带风暴潮	羊角沟 埕口	3.15 2.45	—	一般
1982 – 11 – 09	温带风暴潮	—	—	20	一般
1992 – 09 – 01	台风风暴潮	羊角沟 海防	3.59 3.37	25	特大
1997 – 08 – 18 ~ 08 – 21	台风风暴潮	羊角沟 东风港	3.26	—	特大

4 钓口河亚三角洲近岸水域悬沙和沉积物特性

4.1 悬沙特性及空间分布规律

4.1.1 含沙量平面分布特征

目前，钓口河亚三角洲近岸水域泥沙来量较少，与现行的清水沟入海水道及邻近海域的含沙量相比，含沙量要低几个数量级。2004 年 4 月实测平均含沙量在 0.500 kg/m³ 左右，涨潮平均含沙量为 0.379 ~ 0.657 kg/m³，落潮平均含沙量为 0.238 ~ 0.647 kg/m³（表3.2），涨、落潮含沙量无明显差异。由于黄河入海口的改道而直接从河流汇入该海域泥沙很少，而水体含沙量主要是本海域水流和风浪引起的再浮悬泥沙和沿岸流带来的泥沙，风浪较小时期，水体含沙量主要以潮流速引起的再浮悬泥沙为主，故大潮期水体含沙量大于小潮期，在平面上表现为深水域潮流强而含沙量较高（C 测站），涨潮平均含沙量为 0.657 kg/m³，落潮平均含沙量为 0.647 kg/m³。浅水区潮流速小，但水流扰动大，含沙量也较高（A 测站），涨潮平均含沙量为 0.473 kg/m³，落潮平均含沙量为 0.451 kg/m³。而 B 测站地处中等水深区，潮流比 A 测站强，比 C 测站弱，水流扰动小，含沙量较低，涨潮平均含沙量为 0.379 kg/m³，落潮平均含沙量为 0.238 kg/m³（表3.2）。风浪较大而对浅水域海床有明显冲刷作用时，浅滩水域水体含沙量显得要高于深水区。

4.1.2 含沙量垂向分布特征

尽管水体含沙量变化与潮流流速大小有一定的相关性，潮流速大时，含沙量也相对较高，而在河口海岸水域含沙量与高流速时刻间存在一个滞后效应，大约为 1 个小时，而且近底层含沙量略高一些，但在近底层未发现明显的高含沙量区，可能因海床经受多年的持续冲刷，海床面沉积物颗粒已逐渐变粗，再悬浮的细颗粒泥沙不多，反而促使较高含沙能向水体中上层扩散。图 4.1a – d 所示，A 站 13 时、17 时、03 时，B 站 20 时，C 站 13 时、19 时等，流速增大，底床沉积物起动，高含沙量水体首先在底层出现，然后向上扩散，水体中层的含沙量才得以增大，而高含沙量水团向上扩散极限一般在相对水深 $0.2H$ 高度。整体上看，含沙量垂向分布上下层略有差异，但含沙量的差值较小。

4.1.3 悬沙输移机制分解

悬沙通量机制分解是近年来国内外河口海岸水沙通量研究中得到广泛应用的方法之一，其具体计算方法是：通过计算悬沙通量中对流速、水深、含沙量的时均项和脉动项进行分解，得出几个独立的动力相关项，在此基础上比较各动力相关项对悬沙输移的贡献量，从中可从有限的资料中得出更多有用的信息（Dyer，1988；王康墡和苏纪兰，1987；

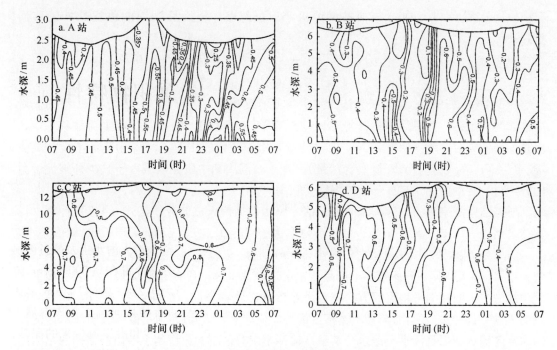

图 4.1　实测含沙量垂向分布随时间过程

陈吉余等，1989；时伟荣和李九发，1993；沈健等，1995；万新宁等，2004；刘高峰等，2005）。

　　河口海岸地带是海陆相互作用最激烈的区域，影响该区域物质输运的因子众多。河口海岸地区的径流、潮流、异重流、沿岸流、风成流、潮扩散等因素均不同程度地对泥沙的输移路径和强度造成影响（王康墡和苏纪兰，1987）。通过对泥沙通量的机制分解，分析各输运项的输移方向以及对总量的贡献，可以很好地弄清该河口泥沙断面输运过程和机理。Bowden（1963）、Uncles 等（1985）、Dyer（1988）等先后建立并发展了泥沙输运模式。在此基础上王康墡、苏纪兰建立了长江口相对水深通量计算模式，并对南港地区悬移质输运进行过计算。时伟荣、李九发、沈焕庭等应用机制分解法对长江口最大浑浊带地区进行过相应研究，探讨不同环境下各个动力因子对物质输移的贡献大小。

　　由于河口和近岸水域潮流呈往复流性质，最大涨落潮流速方向基本与等深线或岸线平行，在一定程度上能代表潮流椭圆的长轴方向，将坐标轴旋转与涨落潮主流向对应，使用实测值的投影值进行计算，即垂线平均流速投影值 V、垂线平均含沙量 C、水深 H 的乘积计算，潮周期单宽潮通量即为：

$$F = VCH$$

　　在潮周期时间尺度内，对各时刻 V、C、H 分解为均值与脉动值之和，即：

$$F = (\bar{V} + V')(\bar{C} + C')(\bar{H} + H')$$
$$= \bar{V} \cdot \bar{C} \cdot \bar{H} + V'H'\bar{C} + V'C'\bar{H} + C'H'\bar{V} + \bar{V} \cdot \bar{C}H' + \bar{V} \cdot \bar{H}C' + \bar{C}\bar{H}V' + V'C'H' \quad (4.1)$$

式中，$\bar{V}$，$\bar{C}$ 和 $\bar{H}$ 分别为各时刻垂线平均流速、垂线平均含沙量和水深的潮周期平均值；V'、C' 和 H' 分别为某一时刻垂线平均流速、垂线平均含沙量和水深与相应潮周期平均垂线平均流速、平均垂线平均含沙量和平均水深的差值。利用实测资料计算并参考相关学者的研究结果，公式（4.1）中有些项的量值极小，可忽略，整理后潮周期单宽悬沙输移通量为：

$$T = \overline{V} \cdot \overline{C} \cdot \overline{H} + \overline{V'H'} \cdot \overline{C} + \overline{V'C'} \cdot \overline{H} + \overline{C'H'} \cdot \overline{V} + \overline{V'C'H'}$$

$$\quad (T_1) \qquad (T_2) \qquad (T_3) \qquad (T_4) \qquad (T_5) \qquad\qquad (4.2)$$

根据 Dyer（1988）等的研究认为式中各项所反映的内容分别为：T_1 表征了平均流对净输沙的贡献，T_2 反映了 Stokes 漂流效应对净输沙的贡献，$T_1 + T_2$ 组成平流输移项。T_3 反映了挟沙力对净输沙的贡献，T_4 为含沙量与水深变化的相关项，T_5 为悬沙浓度与潮流场。T_3、T_4、T_5 都包含 C'（脉动含沙量），在一个潮周期中研究区域由于缺少外来泥沙源的补给时，含沙量变化与再悬浮作用密切相关。

根据涨落潮主流向，落潮流向为正值，原始数据代入机制分解法式（4.2）计算，计算结果列入表4.1。悬沙输移量的大小则取决于 T_1、T_2、T_3 三项，T_4、T_5 的量值很小。A、B、C 三测站悬沙输移量绝对值大小排序分别为：$T_1 > T_2 > T_3 > T_5 > T_4$，$T_1 > T_3 > T_2 > T_5 > T_4$，$T_1 > T_3 > T_2 > T_5 > T_4$。不论是浅水区还是深水区，$T_1$ 的绝对值最大，表明潮平均流输沙为主，而且潮平均流的方向决定了悬沙的净输移方向，纵向上看 A、B、C 三测站点的 T_1 均为负值，表明涨潮悬沙输移占优势。横向上看 T_1 值亦为负值，表明浅水区泥沙向深水区输送，而且浅水至深水处其悬沙输沙量绝对值越大，说明悬沙由浅水向深水为净输沙。悬沙输移量分解项排序中，B、C 测站的 T_3 值超过 T_2 排在第二，与流速和含沙量脉动相关的 T_3 对悬移质输沙贡献明显，与此水域水动力再悬浮泥沙环境有关。

表 4.1　悬沙输移机制分解特征值

分解项	悬沙通量值/（g·s^{-1}·m^{-1}）		
	A 站	B 站	C 站
T_1	−40.22	−123.46	−724.35
T_2	10.89	16.67	5.18
T_3	7.10	−91.73	134.13
T_4	−0.08	0.75	0.68
T_5	0.11	−3.44	−3.93
$T_1 + T_2$	−29.57	−106.82	−719.61
$T_3 + T_4 + T_5$	7.10	−94.38	130.87
T 总	−22.60	−201.20	−592.88

4.2　表层沉积物特性

4.2.1　沉积物粒度分析和数据处理方法

沉积物粒度分析，采用激光粒度分析仪（Coulter LS−100Q），称取约 2 g 样品放入于

50 mL 烧杯内,加入蒸馏水 15 mL,再加入 5 mL H_2O_2（30%）,静置 24 h,以去除有机质,再将液体移入 50 mL 具塞离心管中,加入 5 mL 分散剂（含 3.3% 六偏磷酸钠）,并进行水平振荡离心管 30 min 或超声振荡,使颗粒充分分散后进行测试分析,得出若干项参数,有平均粒径、中值粒径、标准偏差、偏态、峰态、众值等基本数据。根据福克和沃德提出的公式（Folk and Ward,1957）:

平均粒径:
$$M_z = \frac{1}{3}(\phi_{16} + \phi_{50} + \phi_{84})$$
(4.3)

标准偏差:
$$\sigma_1 = \frac{1}{4}(\phi_{84} - \phi_{16}) + \frac{1}{6.6}(\phi_{95} - \phi_5)$$
(4.4)

偏态:
$$SK_1 = \frac{\phi_{84} + \phi_{16} - 2\phi_{50}}{2(\phi_{84} - \phi_{16})} + \frac{\phi_{95} + \phi_5 - 2\phi_{50}}{2(\phi_{95} - \phi_5)}$$
(4.5)

峰态:
$$K_G = \frac{\phi_{95} - \phi_5}{2.44(\phi_{75} - \phi_{25})}$$
(4.6)

式中,M_z 反映粒度分布的集中趋势,若以有效能表示,则代表沉积物搬运介质的平均动力能（速度）,它在一定程度上取决于源区沉积物质的粒度分布。

σ_1 反映沉积物颗粒的分选程度,即不同粒径颗粒的分散和集中状态,标准偏差数值越大,表示其分选程度越差,反映了泥沙沉积动力环境复杂。根据计算值的大小确定的分选标准为:

分选极好:<0.35;　　分选好:0.35~0.50;　　分选较好:0.50~0.71;

分选中等:0.71~1.00;　分选较差:1.00~2.00;　分选差:2.00~4.00;

分选极差:>4.00

SK_1 表示频率曲线的对称程度,即与正态分布曲线相比较时,频率曲线主峰的位置,反映沉积物中粗细颗粒占有的比例。根据计算值的大小,分为五级:

极负偏:-1.00~-0.30;　负偏:-0.30~-0.10;　近对称:-0.10~+0.10;

正　偏:+0.10~+0.30;　极正偏:+0.30~+1.00

K_G 说明与正态频率曲线相比时,频率曲线的峰凸程度,反映了颗粒粒径分布的集中程度。福克和沃德提出峰态分六级,其数值界限为:

很宽:<0.67;　　　宽:0.67~0.90;　　　中等:0.90~1.11;

窄:1.11~1.50;　　很窄:1.50~3.00;　　非常窄:>3.00

此外,中值粒径 M_D 是累积曲线上含量为 50% 处的粒径。众值 M_0 是频率曲线中最大频率的颗粒直径,反映了物质组成中含量最多的那部分沉积物的粒径,能比较明显地表达海滩物质的沉积环境。

4.2.2 现代表层沉积物特征

2004 年 4 月在钓口河亚三角洲（飞雁滩）近岸海域采集百余个表层沉积物样品（图 4.2）,沉积物颗粒度测试结果表明（表 4.2,图 4.3 和图 4.4）,该海滩高、中潮滩非常开阔,涨潮过程进水进沙,落潮过程出水出沙,而低潮滩及邻近海域海床经历了数十年的冲刷蚀退,复杂的水沙过程和多种类型的地貌形态,以及冲淤多变的地形,使表层沉积物颗粒大小平面分布极不均匀,最粗可为细砂,最细为黏土。

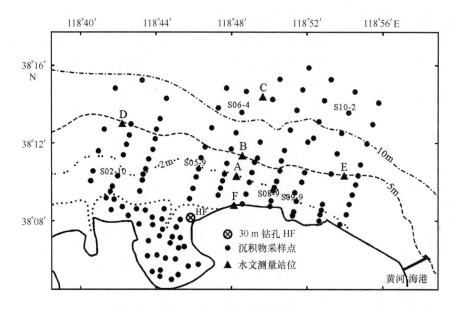

图 4.2　现场观测站位

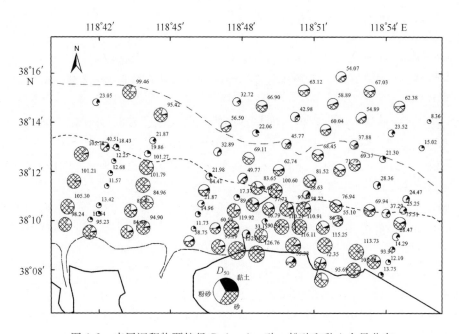

图 4.3　表层沉积物颗粒径 D_{50}(μm)、砂、粉砂和黏土含量分布

　　就表层沉积物颗粒平面分布而言，高、中潮滩及潮沟沉积物普遍较细，而堤岸浅水区向深水区沉积物颗粒逐渐变细。整体上看，堤岸外浅滩及邻近海域可以分为 3 个沉积区（图 4.4 和表 4.2）。Ⅰ号沉积区位于桩 106 凸岸堤前沿至 8 m 水深区域，水深较浅，受风浪影响的频率较大，在常年的向岸风浪作用下，细颗粒泥沙被掀起并随潮流带入深水区，图 4.5 为观测期间实测风速与含沙浓度对应关系图，水体含沙量随着风速的加大而增高。可知风浪是导致该海滩沉积物组成粗细分区明显的主要原因，使Ⅰ号沉积区表层沉积物明

显粗化。沉积物颗粒径大于 0.125 mm 的细砂占 30% 多，大于 0.063 mm 粗粉砂和细砂占有量达到 85% 以上，所以该海滩属于粉砂质细砂沉积区。Ⅰ号沉积区的沉积物粗化层历经数十年风浪和潮流淘选后已达到一定的可抗冲能力。

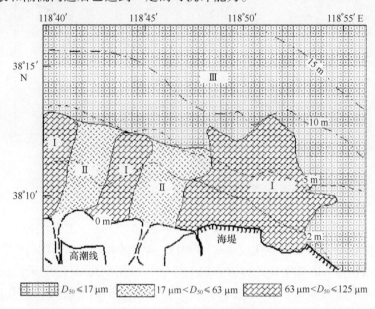

图 4.4 表层沉积物类型分区

表 4.2 表层沉积物粒度参数统计

	站名	平均粒径/ mm	中值粒径/ mm	分选系数 σ_1	偏度 SK_1	峭度 K_G
Ⅰ 区	S09 – 9	0.113	0.115	1.234	− 0.457	1.7
	S08 – 9	0.109	0.110	1.222	− 0.415	1.4
Ⅱ 区	S05 – 9	0.024	0.015	2.450	2.071	1.0
	S02 – 10	0.023	0.013	2.690	3.564	0.9
Ⅲ 区	S10 – 2	0.031	0.024	1.837	1.685	0.9
	S06 – 4	0.028	0.022	2.681	1.302	0.9

Ⅱ号沉积区动力条件较复杂，除受风浪和潮流影响外，主要受到宽广的飞雁滩中高潮滩下泄落潮水流和潮滩来沙的影响。该沉积区正好位于两条潮沟的出口水域，有一些细颗粒泥沙常常被涨潮水流带上滩，而落潮时又被落潮水流携带到Ⅱ号沉积区沉降，所以该沉积区黏土质细颗粒含量较高，颗粒小于 0.004 mm 的黏土超过 12%，小于 0.063 mm 的粉砂和黏土含量占 92% 以上，D_{50} 最大值为 0.059 mm，一般 D_{50} 值均在 0.02 mm 以下，属于粉砂质黏土沉积区。

Ⅲ号沉积区尽管动力条件相对较单一，但沉积物的搬运过程较复杂。由于水深均大于 8 m，一般的风浪产生的掀沙作用较小，主要受潮流（或特大风浪）的影响作用，该水域潮流速相对较大，近底层最大流速可在 0.6 m/s 以上（表层最大流速可达 0.8 m/s）。该

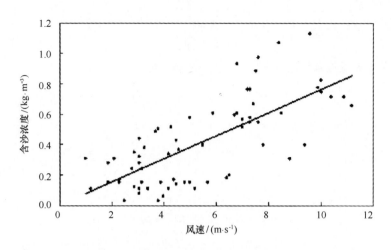

图 4.5　堤岸 F 站实测风速与含沙浓度对应关系（2004 - 04 - 18—26）

沉积区有相当一部分细颗粒黏土泥沙来源于近岸水域尤其是Ⅰ、Ⅱ号沉积区，图 4.6 为利用 Gao-Collins 沉积物趋势分析方法（Gao，1994），对 2004 年 4 月实测海床沉积物颗粒计算所得的泥沙输移趋势图，明显地可以看出Ⅰ号沉积区泥沙在风浪和潮流的共同作用下，一部分细颗粒泥沙输向Ⅲ号沉积区，使该沉积区的表层沉积物普遍粗细不均，以粉砂和黏土含量增多，颗粒小于 0.004 mm 的黏土含量占 20% 左右，小于 0.063 mm 的粉砂和黏土含量占 90%，一般 D_{50} 值在 0.020～0.030 mm，属于黏土质粉砂沉积区。

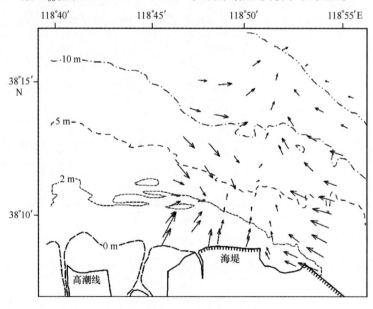

图 4.6　沉积物输移趋势

　　由于该海滩沉积物受到不同动力作用影响，海滩表层沉积物粒径组成混合程度存在差异，平均粒径与中值粒径二者并不相等（表 4.2），表现在Ⅰ号沉积区的中值粒径略大于平均粒径，中值粒径比平均粒径大 0.002 mm 左右，说明Ⅰ号沉积区的沉积物不仅颗粒组成较粗，而且峰度高，细颗粒峰度偏低（图4.7）。Ⅱ、Ⅲ号沉积区的平均粒径大于中值粒径，而且差异值较大，二者相差0.006 mm以上，说明Ⅱ、Ⅲ号沉积区的沉积物颗粒组成较细，而且细颗粒泥沙含量比正常组分要高。

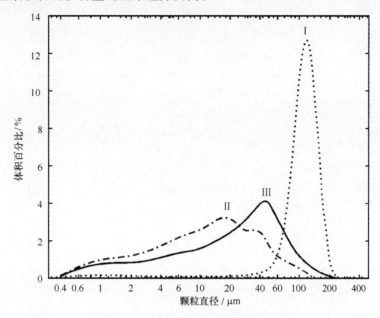

图4.7　沉积物颗粒度频率分布曲线

分选系数主要表示沉积物组成的分散或均匀程度，与沉积环境有较大的关系。该海滩沉积物粒度分选在平面上的变化，与沉积物颗粒度平面分区基本一致（表4.2），Ⅰ号沉积区粒度分选系数为1.23，属于分选好，与该水域海床长期冲刷而细颗粒泥沙被水流带走，海床沉积物出现粗化并且组成较均匀有关。Ⅱ、Ⅲ号沉积区粒度分选系数均大于1.83，分选较差，与此水域海床有冲有淤变化较大有关。

该海滩沉积物颗粒径偏度为−0.511~3.564，其中，Ⅰ号沉积区的偏度$SK_1<0$，从图4.7中Ⅰ号沉积区的曲线可以看出粗粒沉积物明显高，而较细粒的一侧出现一条尾巴，细粒沉积物含量比正常组分低，中值粒径略大于平均粒径，并表现为中值粒径值位于平均粒径值的右侧，呈负偏态（表4.2）。Ⅱ、Ⅲ号沉积区的偏度$SK_1>1.00$，一般在2.00左右，中值粒径明显小于平均粒径，并表现为中值粒径位于平均粒径值的左侧，呈正偏态（表4.2），对称性明显比Ⅰ号沉积区好。

该海滩沉积物颗粒径峭度与分选性很相似（图4.7和表4.2），峭度值K_G均在0.9~1.7之间，Ⅰ号沉积区属于窄尖型，而Ⅱ、Ⅲ号沉积区属于宽平或中等峭度型，而在Ⅱ号沉积区出现小双峰现象，则与该沉积区的亚环境有关。

对沉积物颗粒径概率累积曲线的分析表明（图4.8），该海滩沉积物存在滚动、跳跃和悬浮3种运动方式。Ⅰ号沉积区由于沉积物组成颗粒较粗，滚动组分的含量特别高，含量在80%以上，分选都较好，与跳跃组分的截点在3.3Φ左右。跳跃组分呈双跳跃，第一跳跃组分含量在5%~10%，粗细端之间的截点在3.3Φ~5.0Φ，第二跳跃组分含量占5%左右，粗细端之间的截点在5.0Φ~10.0Φ，比第一跳跃组分跨度大，分选极差；悬浮组分含量仅占

1.0% 左右，分选也较差，表现该海域海床细颗粒泥沙极少，悬浮泥沙仅在此水域过境，海床冲多淤少。对于Ⅱ、Ⅲ号沉积区来讲，沉积物组成颗粒较细且不均匀，滚动组分含量仅占 0.2% ~ 8.0%，分选较好，与跳跃组分的截点在 2.2Φ ~ 3.0Φ，也出现双跳跃方式，第一跳跃组分含量在 40% ~ 70% 之间，粗细端之间的截点在 4.5Φ ~ 5.0Φ，第二跳跃组分含量 15% ~ 45% 之间，与悬浮组分的截点 10.0Φ。悬浮组分含量占 5% 左右，分选比跳跃组要好，表明此水域海床泥沙与水体悬沙交换频繁，有海床冲与淤交替存在现象。

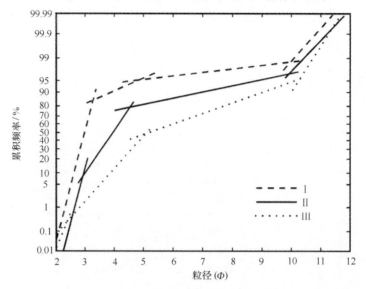

图 4.8　沉积物颗粒度概率累积曲线

按 2 m、5 m、10 m 水深分界将沉积物样品分为浅水区、中水区和深水区，得到不同水深范围的表层沉积物特征值（表 4.3）。表层沉积物以区块平均的中值粒径由岸向海越来越细，近岸侵蚀，沉积物受分选的结果，细颗粒泥沙被侵蚀输移，剩下较粗颗粒组分。而分选系数在 10 m 水深以浅逐渐增大，水深大于 10 m 时转为减小。这种现象是因为 12 m 左右水深是钓口河亚三角洲前缘和前三角洲的界限（周永青，1998），三角洲建设期此区沉积物以细颗粒泥沙为主，侵蚀期浅水区被侵蚀的细颗粒泥沙又在深水区落淤，大于 10 m 水深海域缺乏较粗颗粒组分，因此沉积物分选性较好（表 4.3）。泥沙起动摩阻流速特征为水深越大，沉积物颗粒越细，由于黏滞力作用泥沙难于起动，相应临界起动摩阻流速亦越大。

表 4.3　沉积物横向分带特征值

特征值	水深/m			
	0 ~ 2	2 ~ 5	5 ~ 10	10 ~ 14
$D_{50}/\mu m$	75.1	59.3	52.8	47.7
分选系数	1.71	1.84	1.95	1.74
偏态	0.842	0.790	0.742	0.807
峰态	0.245	0.254	0.262	0.247

4.2.3 亚三角洲废弃前表层沉积物起动切应力

黄河的高含沙量和集中输沙特点使其入海泥沙在河口口门快速沉积，形成高含水量、低密实度的三角洲沉积体。1976 年飞雁滩废弃时，岸滩浅层是新淤沉积物，三角洲前缘表层 0.5 m 以浅沉积物干容重为 0.75 g/cm³，0.5～1 m 沉积物干容重平均值为 0.908 g/cm³（师长兴等，2003b），采用呼和敖德和刘青泉（1998）利用表层沉积物试验得到的起动切应力与干容重关系式：

$$\tau_c = 2.069 \times 10^{-9} S^{2.71} \tag{4.7}$$

式中，S 是干容重。计算得到 0.5 m 和 1.0 m 以浅的沉积物临界起动切应力为 0.128 N/m² 和 0.215 N/m²，相应临界起动摩阻流速为 1.13 cm/s 和 1.47 cm/s。

4.3 沉积物垂向变化特征

在钓口河亚三角洲飞雁滩高潮滩进行钻孔点（HF 孔）取样（图 4.9），HF 孔钻孔深度达 30 m，岩芯按 1 m 长分隔采样。现场完成岩芯剖面的特征描述，样品被密封在 PVC 管中，为了尽可能保持沉积物的原状性，样品存放在冷库中。根据柱状样沉积物组成分层选取 183 个样品做粒度分析，13 个样品做工程力学性质测定。

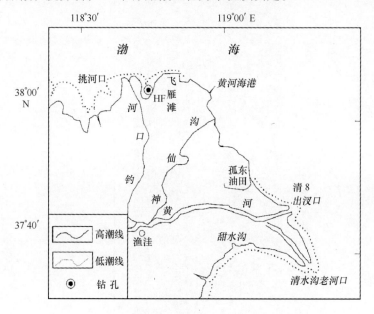

图 4.9 飞雁滩 HF 孔位置

4.3.1 HF 孔岩芯剖面现场描述

飞雁滩孔岩芯沉积物组成的垂向剖面特征变化明显（图 4.10 和图 4.11），自上而下可以分为多个层次：

0～4.5 m 黄褐色粉砂质砂、黏土质粉砂，结构均匀，无光泽，含水量大；

4.5～7.5 m　浅灰色砂质粉砂，结构均匀，无光泽，含水量小；

7.5～8.5 m　灰褐色黏土质粉砂，块状构造，含贝壳碎片；

8.5～9.5 m　灰色粗粉砂，结构均匀，底部夹有粉砂质黏土；

9.5～21.5 m　灰褐色淤泥质黏土，光泽明显，含黑色有机质和少量贝壳碎屑，夹有粉砂和细砂质薄层，水平、波状层理特别发育（图4.10），局部有扭曲层理，其中，20.5～20.9 m为黑色泥炭层；

21.5～22.5 m　浅灰色粉砂质黏土，上部含黑色腐殖质；

22.5～23.5 m　灰黄色粉砂，波痕交错层理，下部含有铁色斑；

23.5～24.5 m　浅灰色粉砂，结构均匀，含水量大，无光泽，平行层理；

24.5～25.5 m　灰褐色细砂，结构均匀，含水量大，无光泽；

25.5～29.5 m　浅灰色细砂，块状构造，含水量大，无光泽，其中，27.5～27.6 m为黑色泥炭层。

图4.10　典型岩芯剖面

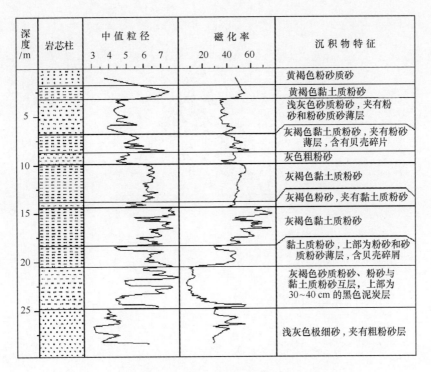

图 4.11 HF 孔岩芯垂向序列模式

（中值粒径单位：Φ；磁化率单位：$10^{-8}\mathrm{m}^3/\mathrm{kg}$）

4.3.2 沉积物颗粒度垂向分布特征

4.3.2.1 沉积物颗粒度组分及其垂向分布特征

沉积物颗粒度分析结果显示，HF 孔岩芯沉积物样品中最主要的组分是粉砂（Silt），98% 的样品中粉砂含量超过 20%，而且变化幅度非常大，在单个样品中最高含量可达 83.8%，最低仅为 8.3%，平均为 61.4%；其次是黏土（Clay）组分，62% 的样品中黏土含量超过 20%，单个样品中的最高含量达到 51.4%，最低仅为 3.8%，平均为 23.6%；砂（Sand）的含量最低，仅占总样品数 29% 的样品中其含量超过 20%。细砂在单个样品中的最高含量为 87.7%，最低为 0，平均仅为 15%。

飞雁滩 HF 孔沉积物按照粒度组成，可分为黏土质粉砂、粉砂、粉砂质黏土、砂质粉砂、粉砂质砂、砂、砂 – 黏土质粉砂和黏土 – 砂质粉砂 8 种类型，最主要的类型是黏土质粉砂、砂质粉砂、粉砂和粉砂质砂（图 4.12），分别约占样品总数的 61%、19%、10% 和 6%。不同类型的沉积物分布在不同的部位，其中黏土质粉砂主要在 2.0 ~ 3.2 m、9.8 ~ 21.8 m、22.4 ~ 23.5 m 和 24.3 ~ 24.7 m 等深度层，而且基本上呈连续分布；砂质粉砂主要在 3.2 ~ 4.9 m、21.8 ~ 22.3 m、23.6 ~ 24.3 m 和 25.9 ~ 26.4 m 等深度层连续分布；粉砂质砂在 24.7 ~ 25.8 m 和 27.4 ~ 28.2 m 深度层连续分布；砂连续分布在 26.5 ~ 27.4 m 深度层；而其他类型的沉积物则是相间分布，主要在 4.9 ~ 9.8 m 深度层。

HF 孔沉积物中黏土、粉砂和砂随深度的变化有一定的规律性（图 4.13），3 种组分

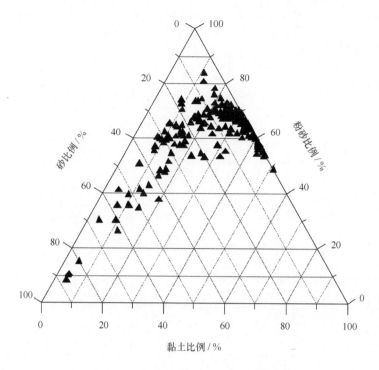

图 4.12　沉积物粒度组成三角图

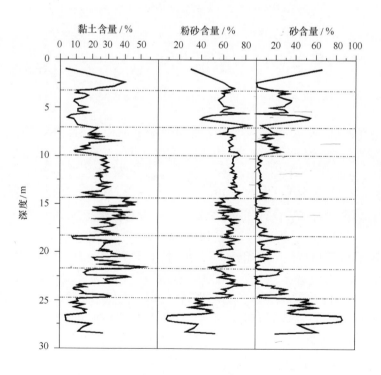

图 4.13　黏土、粉砂和砂含量随深度的变化曲线

的垂向分布特征如下。

（1）黏土含量随深度的变化规律比较复杂，总体上是先增后减，呈阶梯形变化。0～3.4 m 深度层变化剧烈，先增后减，最大含量值与最小值相差 36%；3.4～7.0 m 深度层呈"之"字形变化且平均含量占垂向深度黏土含量总值比例最小，为 11.5%，同时变化幅度最小，最大含量值与最小值相差仅 11%；7.0～9.8 m 深度层总体上变化不大并且是减小的，但在 8.5 m 左右深度层有突变；9.8～14.3 m 深度层变化较小，最大含量值与最小值相差 14%，总体上是减小的；14.3～20.4 m 深度层变化比较剧烈且均值最大，为 30.9%，其中在 18.3～18.5 m 深度层有突变；20.4～24.3 m 深度层变化最剧烈，最大含量值与最小值相差 42%；24.3～28.4 m 深度层变化较小，总体上是增加的。

（2）粉砂含量随深度的变化较小，总体上也呈阶梯形变化。0～3.4 m 深度层变化较剧烈，先急剧增加后缓慢减小，最大含量值与最小值相差近 40%；3.4～7.0 m 深度层呈纺锤形变化，并且在 6.2 m 左右深度层有突变；7.0～9.8 m 深度层变化较小；9.8～14.3 m 深度层变化最小，最大含量值与最小值相差仅 10%，但平均含量占垂向深度粉砂含量总值比例最大，为 70.4%；14.3～20.4 m 深度层变化较小；20.4～24.3 m 深度层变化较大，最大含量值与最小值相差超过 30%，总体上先减后增再减；24.3～28.4 m 深度层变化最大，最大含量值与最小值相差 45%，但平均含量占垂向深度粉砂含量总值比例最小，为 38.9%。

（3）砂含量随深度的变化规律也比较明显。0～3.4 m 深度层变化非常剧烈，先急剧减小后稍微增大；3.4～7.0 m 深度层变化剧烈，最大含量值与最小值相差近 50%，并且在 6.2 m 左右深度层有突变；7.0～9.8 m 深度层变化较小，总体上先增后减再增，但在 8.5 m 左右深度层有突变；9.8～14.3 m 深度层变化最小，最大含量值与最小值相差仅有 8%，且平均含量占垂向深度砂含量总值比例最小，仅为 4.2%；14.3～20.4 m 深度层变化较大，其中在 18.3～18.5 m 深度层有突变；20.4～24.3 m 深度层变化较剧烈；24.3～28.4 m 深度层变化幅度逐渐加大，变幅最大，最大含量值与最小值相差 60%，且平均含量占垂向深度砂含量总值比例最大，为 46.6%。

4.3.2.2 沉积物粒度参数垂向变化特征

飞雁滩 HF 孔沉积物粒度参数值变化范围较大，$D_{50} = 3.06\Phi ～ 8.03\Phi$，平均为 5.82Φ；$Mz = 3.17\Phi ～ 8.10\Phi$，平均为 6.01Φ，表明沉积物以粉砂为主；$\sigma_1 = 0.94 ～ 2.56$，平均为 1.89，属于分选程度较差；$SK_1 = -0.66 ～ 0.05$，平均为 -0.32，属于极负偏，表明尾部在粗端，平均值位于中位数左方，粒度集中于细端部分；$K_G = 0.76 ～ 2.89$，平均为 1.08，表明其分布曲线为宽峰态至很窄峰态。沉积物粒度分析结果表明，飞雁滩 HF 孔沉积物粒度参数在垂向上的分布及变化具有明显的规律性（图 4.14，表 4.4）。

（1）0～3.4 m 深度层：平均粒径、标准偏差和偏态的变化都是先增后减，峰态则正好相反，是先减后增。$Mz = 3.79\Phi ～ 7.63\Phi$，相差 3.84Φ，平均为 6.06Φ；$\sigma_1 = 0.95 ～ 2.11$，相差 1.06，平均为 1.74，分选程度介于中等与差之间；$SK_1 = -0.58 ～ -0.10$，相差 0.48，平均为 -0.32，属于极负偏与负偏之间；$K_G = 0.86 ～ 1.95$，相差 1.09，平均为 1.16，属于很窄至宽峰态之间。

（2）3.4～7.0 m 深度层：沉积物的粒度参数都是呈"之"字形变化。$Mz = 4.05\Phi ～$

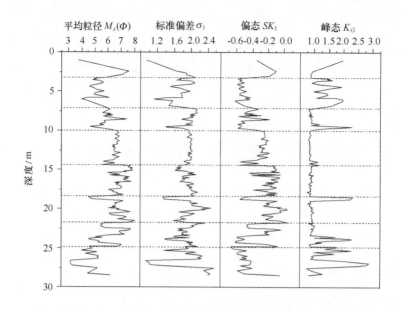

图 4.14　沉积物粒度参数随深度变化曲线

6.13Φ，相差 2.08Φ，平均为 5.06Φ，平均粒径总体上大于相邻的上下层位；$\sigma_1 = 1.11 \sim$ 2.09，相差 0.98，平均为 1.70，除极少部分的分选程度属于差外，主体为较差；$SK_1 =$ $-0.62 \sim -0.43$，相差 0.19，平均为 -0.52，属于极负偏；$K_G = 0.91 \sim 1.97$，相差 1.06，平均为 1.46，除极少部分的峰态属于中等外，主体为窄至很窄。

（3）$7.0 \sim 9.8$ m 深度层：$Mz = 4.67\Phi \sim 7.43\Phi$，相差 2.76Φ，平均为 5.82Φ；$\sigma_1 =$ $1.39 \sim 2.14$，相差 0.75，平均为 1.93，分选程度介于较差至差之间；$SK_1 = -0.58 \sim$ -0.18，相差 0.40，平均为 -0.47，偏度介于极负偏与负偏之间；$K_G = 0.79 \sim 2.28$，相差 1.49，平均为 1.08，属于很窄至宽峰态，为整个岩芯中变化幅度最大。

（4）$9.8 \sim 14.3$ m 深度层：粒度参数的变化幅度最小。$Mz = 5.58\Phi \sim 7.03\Phi$，相差 1.45Φ，平均为 6.56Φ；$\sigma_1 = 1.82 \sim 2.03$，相差 0.21，平均为 1.96，分选程度介于较差至差之间；$SK_1 = -0.56 \sim -0.18$，相差 0.38，平均为 -0.29，偏度介于极负偏与负偏之间；$K_G = 0.81 \sim 1.19$，相差 0.38，平均为 0.87，除极少部分的属于窄峰态外，主体属于宽峰态。

（5）$14.3 \sim 18.3$ m 深度层：$Mz = 6.01\Phi \sim 7.93\Phi$，相差 1.92Φ，平均为 7.06Φ，是整个岩心中平均粒径的平均值最小；$\sigma_1 = 1.63 \sim 2.16$，相差 0.53，平均为 1.91，分选程度介于较差与差之间；$SK_1 = -0.44 \sim 0.04$，相差 0.40，平均为 -0.17，介于极负偏与近对称之间，为整个岩心中变化幅度最大；$K_G = 0.76 \sim 0.96$，相差 0.20，平均为 0.87，与上一层的相同，都是峰态平均值最小，属于宽至中等峰态。

（6）$18.3 \sim 21.7$ m 深度层：$18.3 \sim 18.5$ m 之间的沉积物粒度参数与其他的差别很大，$Mz < 5\Phi$，σ_1 在 1.35 左右，分选较差，$SK_1 < -0.5$，属于极负偏，$K_G > 2$，属于很窄峰态。其余的 $Mz = 6.11\Phi \sim 8.10\Phi$，相差 1.99Φ，平均为 6.96Φ，平均粒径比较小，仅次于上一层；$\sigma_1 = 1.59 \sim 2.47$，相差 0.88，平均为 1.98，分选程度介于较差与差之间；$SK_1 =$ $-0.28 \sim 0.05$，相差 0.33，变化幅度较大，平均为 -0.12，是整个岩心中平均值最大的，

主要介于负偏与近对称之间；$K_G = 0.78 \sim 1.00$，相差 0.22，变幅很小，平均为 0.91，属于宽至中等峰态。

（7）21.7～24.7 m 深度层：$Mz = 4.53\Phi \sim 7.71\Phi$，相差 3.18Φ，平均为 6.07Φ；$\sigma_1 = 1.38 \sim 2.33$，相差 0.95，平均为 1.87，除少部分的分选程度属于差外，主体为较差；$SK_1 = -0.61 \sim -0.03$，相差 0.58，平均为 -0.37，其中以极负偏为主，部分属于负偏，只有极个别的属于近对称；$K_G = 0.79 \sim 2.28$，相差 1.49，平均为 1.13，大部分介于中等至宽峰态，其余小部分为很窄至窄峰态。

（8）24.7～28.4 m 深度层：粒度参数的变化幅度较大，并且在 26.5～27.2 m 之间有一个明显的突变。$Mz = 3.17\Phi \sim 6.28\Phi$，相差 3.11Φ，平均为 4.63Φ，为整个岩芯中平均值最小；$\sigma_1 = 0.94 \sim 2.56$，相差 1.62，平均为 1.92，分选程度为中等至差；$SK_1 = -0.66 \sim -0.04$，相差 0.62，是整个岩芯中变化幅度最大，平均为 -0.50，除最后一个样品外，其余都为极负偏；$K_G = 0.76 \sim 2.89$，相差 2.13，平均为 1.47，属于很窄至宽峰态。

表 4.4　飞雁滩 HF 孔沉积物粒度平均值、参数分层统计

序号	深度/ m	Mz （Φ）（mm）	σ_1	SK_1	K_G	黏土 比例/%	粉砂 比例/%	砂 比例/%
1	0.0～3.4	6.06 (0.015 0)	1.16	-0.32	1.74	23.8	59.1	17.0
2	3.4～7.0	5.06 (0.030 0)	1.70	-0.52	1.46	11.5	59.7	28.7
3	7.0～9.8	5.82 (0.017 7)	1.93	-0.47	1.08	18.9	67.0	14.1
4	9.8～14.3	6.56 (0.010 6)	1.96	-0.29	0.87	25.4	70.4	4.2
5	14.3～18.3	7.06 (0.007 5)	1.91	-0.17	0.87	32.7	64.1	3.3
6	18.3～21.7	6.78 (0.009 1)	1.94	-0.15	1.01	29.9	62.7	7.5
7	21.7～24.7	6.07 (0.014 9)	1.87	-0.37	1.13	21.6	64.3	14.1
8	24.7～28.4	4.63 (0.040 4)	1.92	-0.50	1.47	12.3	34.9	52.8

4.3.2.3　典型沉积物粒径频率分布曲线特征

根据沉积物粒度分析结果，分别选取 12 号、23 号、34 号、45 号、111 号、155 号、176 号和 180 号样品作为不同典型类型样品分析其粒度的频率分布曲线特征，各样品粒度参数及各组分百分含量见表 4.5，粒度频率分布曲线图如图 4.15 所示。

从图 4.15 中可以看出，各样品的粒度频率分布曲线主要以单峰、负偏态、细尾较长为特征，众值基本上位于 $3\Phi \sim 6\Phi$ 之间，除 45 号、111 号和 180 号样品呈矮宽峰态外，其余都呈窄尖峰态。表明沉积物中单峰的频率曲线一般出现在只有单一的碎屑物来源，且经过了较长距离搬运的沉积物（任明达和王乃梁，1981）。

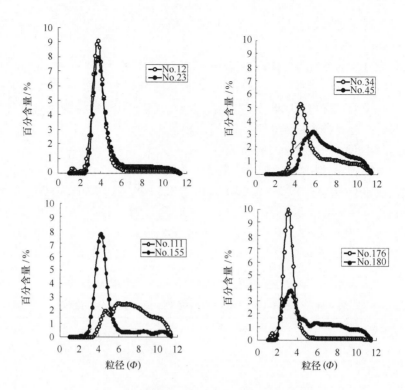

图 4.15　典型样品沉积物粒度频率分布曲线

表 4.5　飞雁滩 HF 孔典型样品粒度参数及各组分百分含量统计

样号	深度/m	Mz (Φ)	σ_1	SK_1	K_G	黏土比例/%	粉砂比例/%	砂比例/%	沉积物类型
12	3.9 ~ 4.1	5.32	1.99	−0.59	1.13	14.5	57.7	27.8	砂质粉砂
23	6.1 ~ 6.3	4.41	1.57	−0.62	1.97	8.8	39.3	51.9	粉砂质砂
34	8.7 ~ 8.8	5.76	2.03	−0.54	0.92	18.2	66.8	15.0	粉砂
45	10.6 ~ 10.8	6.92	1.94	−0.24	0.83	29.8	68.5	1.7	黏土质粉砂
111	18.8 ~ 19.0	7.21	1.99	−0.08	0.86	35.2	62.8	2.0	黏土质粉砂
155	23.7 ~ 23.8	4.53	1.38	−0.49	2.28	8.5	60.1	29.6	砂质粉砂
176	26.5 ~ 26.7	3.17	0.94	−0.41	1.99	3.8	10.4	85.8	砂
180	27.4 ~ 27.6	5.28	2.56	−0.40	0.76	19.6	37.7	23.1	砂质粉砂

4.3.3　HF 孔沉积物磁性特征

4.3.3.1　环境磁学概述

环境磁学是一门以磁性测量为核心手段，磁性矿物为载体，通过分析物质的磁性矿物组合和特征，以揭示不同时空尺度的环境作用、环境过程和环境问题的边缘学科（图 4.16）。

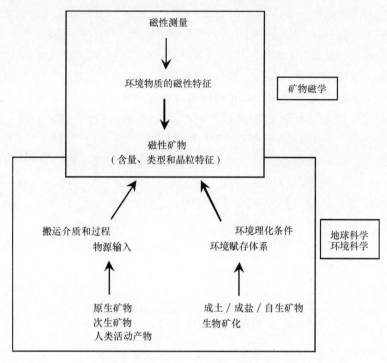

图 4.16　环境磁学的定义（张卫国，2001）

环境系统中的自然物质（如土壤、沉积物）所表现出的磁性特征，与其所含的磁性矿物类型、含量和晶粒大小组成等因素有关。

根据物质对外加磁场的效应，可将自然界中的矿物划分为五类，即铁磁性矿物、亚铁磁性矿物、不完整的反铁磁性矿物、顺磁性矿物和抗磁性矿物。自然界中铁磁性物质极为少见，可不予考虑，尽管顺磁性和抗磁性物质是土壤或沉积物中占绝对优势的组分，而亚铁磁性矿物通常含量远小于 1%，但由于前者磁性远低于亚铁磁性物质，故环境物质的磁性特征一般由亚铁磁性矿物所主导，也即狭义上的磁性矿物。不完整反铁磁性物质的磁化率尽管很低，与顺磁性物质相当，但却能携带剩磁，其不完整反铁磁性氧化铁是沉积物中常见的重要组分，与亚铁磁性矿物一起构成了环境磁学关注的主要对象。

亚铁磁性矿物表现出的强磁性，与其内部的存在，称作磁畴的自发磁化区域有关。亚铁磁性矿物的磁畴结构随晶粒大小的不同而发生变化，可分为超顺磁（Superparamagnetic，SP）、单畴（Single domain，SD）、假单畴（Pseudo-single domain，PSD）和多畴（Multi-domain，MD），对于纯磁铁矿而言，上述磁畴划分的临界大小分别为 0.03 μm、0.07 μm、10 μm（张卫国，2001）。同一矿物的磁性特征随磁畴会发生明显的变化，由此可以通过磁畴来获取磁性矿物晶粒大小的信息。通过对沉积物磁性特性的分析，对沉积物的来源、沉积和冲淤环境可作出判断。

4.3.3.2 沉积物磁性测量方法

1）室温磁性测量

在实验室内，将柱状样以 10～20 cm 间距分割取样，共计样品 183 个。样品烘干后，轻轻敲压成粉末状，称取 10 g 左右样品，装入 10 mL 的圆柱状聚乙烯样品盒内，压实、固定。磁化率测量选用英国 Bartinton MS2 磁化率仪；剩磁测量选用英国 Molspin 公司生产的交变退磁仪、脉冲磁化仪和 Minispin 旋转磁力仪。

按如下顺序依次进行测量：①高频磁化率（4.7 kHz）和低频磁化率（0.47 kHz）；②非滞后剩磁（交变磁场峰值为 100 mT，直流磁场 0.04 mT，ARM）；③样品经强度为 20 mT 磁场磁化后所带的剩磁（$IRM_{20\,mT}$）；④饱和等温剩磁（磁场强度为 1T，SIRM）；⑤具有饱和等温剩磁的样品在磁场强度 -20 mT、-40 mT、-100 mT 和 -300 mT 环境中退磁后保留的等温剩磁（$IRM-20$ mT、$IRM_{-40\,mT}$、$IRM_{-100\,mT}$、$IRM_{-300\,mT}$）。

根据测量结果，计算出单位质量磁化率（χ）、频率磁化率（χ_{fd}）、ARM 磁化率（χ_{ARM}）、饱和等温剩磁（SIRM）、退磁参数 S_{-100} 和 S_{-300} 以及比值参数 χ_{ARM}/χ、$\chi_{ARM}/SIRM$ 和 $SIRM/\chi$。

2）磁滞回线

根据室温磁性测量结果，选取 13 个典型样品，称取 3 g 左右，置于 Molspin Nuvo 振动磁强计（VSM）专用的样品管中，设定磁场范围 -1～1 T。根据测量结果，计算低场磁化率（χ_{low}）、高场磁化率（χ_{high}）、亚铁磁性磁化率（χ_{ferri}）、剩磁矫顽力（$(B_0)_{CR}$）、矫顽力（$(B_0)_C$）、饱和磁化强度（M_S）、饱和等温剩磁（M_{RS}）。其中，χ_{low}、χ_{high}、χ_{ferri} 定义如下：

$$\chi_{low} = \frac{M_{5mT}}{H_{5mT}} \tag{4.8}$$

$$\chi_{high} = \frac{M_{1T} - M_{300mT}}{H_{1T} - H_{300mT}} \tag{4.9}$$

$$\chi_{ferri} = \chi_{low} - \chi_{high} \tag{4.10}$$

3）热磁分析

称取 250 g 左右样品，利用可变场磁天平（VFTBE）进行热磁曲线分析。设定磁场强度为 0.8T，样品在空气中加热，升温至 700℃，再冷却到 100℃，最终可以得到磁化强度随温度变化的曲线，并据此可确定样品的居里温度（T_C）。

4.3.3.3 沉积物磁性特征

沉积物的磁性特征，体现在磁性的强弱、磁化和退磁的难易程度等方面，这些特征与沉积物所含的磁性矿物类型、含量和晶粒大小等有关（Thompson and Oldfield，1986）。χ、$SIRM$、$SOFT$、χ_{ARM} 等参数主要与磁性矿物含量有关，χ_{fd}、χ_{ARM}/χ、$\chi_{ARM}/SIRM$、$SIRM/\chi$、S_{-300}、$(B_0)_{CR}$ 等主要反映了磁性矿物的晶粒特征和类型。由图 4.17 可见，与磁性矿物含量有关的参数变化较大，如沉积物磁化率 χ 的变化范围介于 6.38×10^{-8}～76.75×10^{-8} m^3/kg 之间，极大值与极小值相差 12 倍；$SIRM$ 变化介于 593.09×10^{-6}～$11\ 059.97 \times 10^{-6}$ Am^2/kg 之间，相差 18～19 倍，表明磁性强弱差异显著。

1）沉积物磁性矿物类型

狭义上的磁性矿物系指强磁性的亚铁磁性矿物，如磁铁矿、磁赤铁矿、磁黄铁矿、胶黄铁矿等。不完整反铁磁性矿物，如赤铁矿、针铁矿等，尽管与顺磁性、抗磁性物质都属于弱磁性矿物，但由于其能携带剩磁，因而也被归为磁性矿物一类。

亚铁磁性矿物较不完整反铁磁性矿物容易获得剩磁，在低于 300 mT 的磁场下即可饱和磁化，而不完整反铁磁性矿物难于磁化和退磁，如针铁矿要高达 7T 的磁场才能饱和磁化，通过等温剩磁的获得曲线及退磁行为，可以评价这两类磁性矿物对样品 IRM 的贡献（Thompson and Oldfield，1986）。S_{-300} 是样品在 -300 mT 磁场中磁化后携带剩磁与饱和等温剩磁的比值，反映了样品中亚铁磁性矿物和不完整反铁磁性矿物的相对比例，并且随着不完整反铁磁性矿物的增加而下降。除 20.9 ~ 23.4 m 深度层之外，HF 孔中沉积物样品的 S_{-300} 值都比较高，平均达到 92%，最低为 81%，最高可达 100%，说明亚铁磁性矿物主导了样品的磁性特征，不完整反铁磁性矿物的贡献相对比较小；而 20.9 ~ 23.4 m 深度层之间沉积物样品的 S_{-300} 值则相对比较低，介于 58% ~ 75% 之间，说明不完整反铁磁性矿物的贡献比较大。

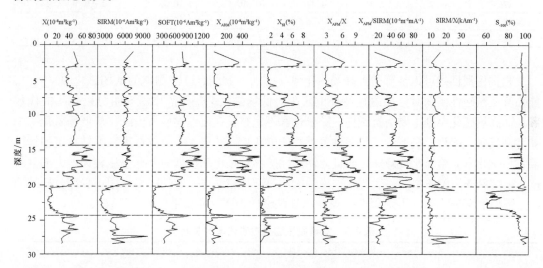

图 4.17　飞雁滩 HF 孔岩芯的磁参数曲线及其垂向分层特征

磁性矿物在经过充磁、退磁、反向充磁、再退磁周期性变化时，所获得的关于磁感应强度（横坐标）相对于磁场强度（纵坐标）变化的闭合曲线，称为磁滞回线，其测量数据有助于区分磁性矿物类型及亚铁磁性矿物的贡献率。其中，剩磁矫顽力 $(B_0)_{CR}$ 是一种比较直接又非常有用的磁滞参数，它可以用来测定磁性矿物特征以及晶粒度并有助于鉴别磁性混合物；它是使饱和等温剩磁（SIRM）降低到零的磁场强度。从表 4.6 中可以看出，除 133 号以外，大部分典型样品的剩磁矫顽力 $(B_0)_{CR}$ 较低，介于 30 ~ 50 mT 之间，表明低矫顽力的亚铁磁性矿物主导了样品的磁性特征；133 号样品的 $(B_0)_{CR}$ 高达 96.9 mT，表明高矫顽力的不完整反铁磁性矿物对样品磁性特征的贡献更大。典型样品的磁滞回线特征曲线也说明了这一点。从图 4.18 可见，除 133 号样品以外，其余样品的特征曲线大致成"∫"形，并且大约在 300 mT 磁场中趋于饱和，指示了低矫顽力的亚铁磁性矿物；133 号样品的特征曲线则接近于直线，指示了高矫顽力的不完整反铁磁性矿物。磁场强度在300 mT以上时，磁滞回线成一直线，显示了顺磁性特性。

表4.6 典型样品的磁滞回线测量参数

样品号	$(B_0)_{CR}/$ mT	$(B_0)_C/$ mT	$(B_0)_{CR}/$ $(B_0)_C$	$M_{RS}/$ $(Am^2 \cdot kg^{-1})$	$M_S/$ $(Am^2 \cdot kg^{-1})$	$M_{RS}/$ M_S	$T_C/$ ℃
1	48.7	11.6	4.20	0.004 7	0.042 1	0.112	582
2	34.8	11.1	3.14	0.005 6	0.026 4	0.212	578
12	34.8	12.0	2.90	0.005 6	0.047 3	0.118	571
22	51.2	12.4	4.13	0.004 1	0.033 2	0.123	583
34	36.8	10.9	3.38	0.003 5	0.026 2	0.134	585
45	35.7	11.0	3.25	0.005 3	0.030	0.177	588
111	32.9	10.0	3.29	0.004 2	0.029 1	0.144	587
133	96.9	21.3	4.55	0.000 8	0.002 9	0.276	575
155	40.5	8.0	5.06	0.001 6	0.017 9	0.089	586
163	42.4	11.2	3.79	0.002 9	0.021 5	0.135	589
176	37.2	7.9	4.71	0.002 1	0.027 8	0.076	591
180	51.0	24.5	2.08	0.008 5	0.031 7	0.268	594
183	45.4	8.7	5.22	0.002 3	0.026 9	0.086	586

根据磁滞回线可以计算得到高场磁化率（χ_{high}），并结合已经测得的低场磁化率（χ_{low}），能估算亚铁磁性矿物对样品磁性特征的贡献。低场磁化率是样品中所有组分磁化率的代数和，而高场磁化率则主要由抗磁性、顺磁性和不完整反铁磁性物质所贡献，从低场磁化率中扣除高场磁化率后，剩下的就是亚铁磁性物质磁化率。从表4.7可以看出，本钻孔沉积物样品不但磁化率 χ 差异比较悬殊，而且亚铁磁性矿物对磁化率贡献的差异也比较大，大部分的 $\chi_{ferri}\%$ 在85%～93%之间，表明亚铁磁性物质对样品磁性占一定的主导作用；少部分样品的 $\chi_{ferri}\%$ 小于80%，有的不到25%，反映出反铁磁性物质对样品磁性的贡献较大。

表4.7 亚铁磁性物质对磁化率的贡献

样品号	$\chi_{low}/$ $(\times10^{-8}m^3 \cdot kg^{-1})$	$\chi_{high}/$ $(\times10^{-8}m^3 \cdot kg^{-1})$	$\chi_{ferri}/$ $(\times10^{-8}m^3 \cdot kg^{-1})$	$\chi_{ferri}/\%$
1	47.22	3.67	43.55	92.23
2	52.99	8.19	44.80	84.54
12	36.23	3.96	32.27	89.07
22	40.16	4.08	36.08	89.84
34	44.85	5.64	39.21	87.42
45	55.35	7.28	48.07	86.85
111	46.04	6.65	39.39	85.56
133	12.11	9.20	2.91	24.03
155	22.55	3.21	19.34	85.76
163	27.90	6.55	21.35	76.52
176	28.15	2.41	25.74	91.44
180	31.48	2.94	28.54	90.66
183	27.81	2.19	25.62	92.13

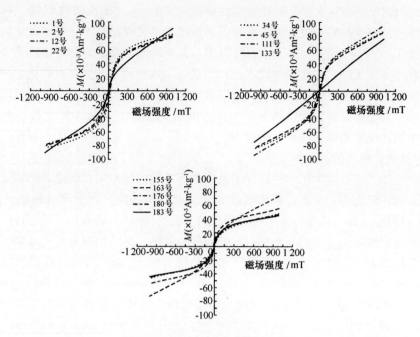

图 4.18　典型样品的磁滞回线特征

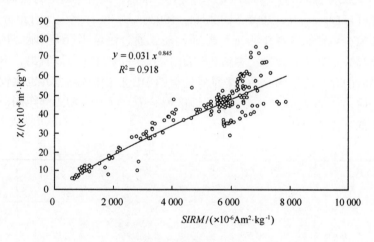

图 4.19　SIRM 与 χ 关系

　　与磁化率不同，饱和等温剩磁 SIRM 不受顺磁性和抗磁性物质的影响，主要由亚铁磁性矿物和不完整反铁磁性矿物（如赤铁矿、针铁矿）所贡献。长江口潮滩沉积物磁性实验研究表明，磁化率 χ 与 SIRM 存在高度线性相关（相关系数达 0.9 左右）（张卫国，2001），而黄河口 HF 孔柱状沉积物的磁性参数则表明，两者存在高度的正相关性（相关系数达 0.92）（图 4.19）。结合图 4.16 中 χ 与 SIRM 随深度的变化曲线进行分析，可以发现，20.4 ~ 24.1 m 之间沉积物样品的 χ 与 SIRM 都相对比较小（$2\,000 \times 10^{-6}\,Am^2/kg$ 左右），反映出亚铁磁性矿物与不完整反铁磁性矿物的含量都比较小，同时前者对样品磁性特征的贡献比后者的小；其余部分样品的 χ 与 SIRM 都相对比较大，反映出两类矿物的含量比较大，同时 χ 的变化主要受到亚铁磁性矿物的控制。

对于所有的磁性材料来说，并不是在任何温度下都具有磁性。一般的磁性材料具有一个临界温度 T_C（居里温度），在这个温度以上，由于高温下原子的剧烈热运动，原子磁矩的排列由有序变成无序。在此温度以下，原子磁矩一致排列，产生自发磁化，材料呈铁磁性。通过测量磁化强度随温度的变化，可以确定磁性矿物的居里温度，进而可以确定磁性矿物的类型。典型样品的热磁曲线揭示出样品的居里温度 T_C 在 580℃ 左右，由此可以推断沉积物中的磁性矿物以磁铁矿系列为主。

2）亚铁磁性矿物的晶粒特征

据前文已知，亚铁磁性矿物的磁性与其内部存在的磁畴有关，而磁畴结构又受晶粒大小的影响。如：磁化率 χ 主要受到超顺磁（SP）晶粒的影响，而非滞后剩磁 χ_{ARM} 则是对稳定单畴（SSD，$0.04 \sim 0.06 \ \mu m$）极为敏感的参数（Maher，1988）。

由于非滞后剩磁 χ_{ARM} 对稳定单畴（SSD）极为敏感，所以比值参数 χ_{ARM}/χ 可指示亚铁磁性矿物晶粒的大小，较高的比值反映了稳定单畴（SSD）晶粒，而较低的比值则显示了较多的多畴（MD）晶粒或超顺磁（SP）晶粒（Banerjee et al.，1981；King et al.，1982）。$\chi_{ARM}/SIRM$ 与 $SIRM/\chi$ 类似，但由于不受超顺磁（SP）晶粒的影响，较低的比值反映了较粗的多畴（MD）晶粒。HF 孔岩芯中绝大部分沉积物的 $\chi_{ARM}/\chi < 10$、$\chi_{ARM}/SIRM < 60 \times 10^{-5}m/A$，指示了样品中亚铁磁性矿物晶粒以较粗的假单畴 – 多畴颗粒为主；$14.4 \sim 20.4 \ m$ 之间，大部分样品的 $\chi_{ARM}/SIRM > 60 \times 10^{-5}m/A$，表明单畴 – 假单畴颗粒主导了样品的磁性特征（Zheng et al.，1991；Oldfield，1994）。

超顺磁晶粒在高频的磁场中表现为单畴性质，通过测量不同频率磁场下磁化率的变化，可以估算超顺磁晶粒的含量。本钻孔样品在 $20.4 \ m$ 以上 χ_{fd} 介于 $1\% \sim 10\%$ 之间，显示了超顺磁晶粒的存在。软剩磁 $SOFT$ 是对较粗的 MD 亚铁磁性矿物敏感的参数，磁性参数相关分析表明，$SIRM$ 与 $SOFT$ 的正相关性极为显著，也说明 $SIRM$ 主要是由较粗的磁铁矿晶粒所贡献的（图 4.20）。

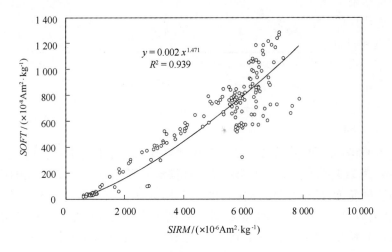

图 4.20　$SIRM$ 与 $SOFT$ 关系

饱和剩磁与饱和磁化强度之比 M_{RS}/M_S（磁化强度比）是一种灵敏的磁化状态指示量，Stoner 和 Wohlfarth 理论计算表明：对随机取向、没有相互作用的单轴单畴磁性晶粒的组合体来说，理论上 M_{RS}/M_S 正好是 0.5；相比之下多畴晶粒的磁化强度比 M_{RS}/M_S 还不到 0.1，超顺磁晶粒则更低（Thompson and Oldfield，1986）。

矫顽力比（$(B_0)_{CR}/(B_0)_C$）是使剩磁矫顽力与饱和矫顽力相联系的比值，按 Stoner 和 Wohlfarth 的随机组合体模型，对单轴单畴晶粒来说，不管它们的消磁系数取什么值，其矫顽力比都是 1.09，预计多畴晶粒的矫顽力比将超过 4.0，而超顺磁晶粒的矫顽力比将超过 10.0（Thompson and Oldfield，1986）。

根据磁化强度比和矫顽力比的测定结果绘制的 Day 图可以识别单畴、假单畴和多畴晶粒（Day et al.，1977）。从图 4.21 可以看出，典型样品的比值主要落在 PSD – MD 区间。

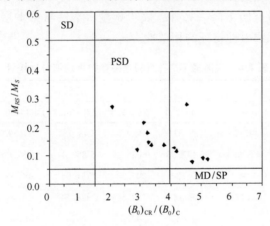

图 4.21　典型样品的 Day 图

3）磁参数分层特征

磁性测量结果（图 4.17）显示飞雁滩 HF 孔岩芯的磁性特征存在明显的垂向差异。根据磁参数变化规律可以将 HF 孔岩芯自上而下分为以下 7 个层位。

（1）0 ~ 3.4 m 深度层：除 SIRM 和 SIRM/χ 随着深度的增加是先减后增以外，其他磁参数都是先增后减。χ 在 34.55×10^{-8} ~ 54.95×10^{-8} m³/kg 之间，χ_{ARM} 为 86.99×10^{-8} ~ 358.69×10^{-8} m³/kg 之间，SOFT 介于 523.04×10^{-6} ~ 940.94×10^{-6} Am²/kg 之间，χ_{fd} 为 1.05% ~ 7.75% 之间，表明本层样品中含有一定的铁磁性晶粒（细黏滞性 – 超顺磁性晶粒）；χ_{ARM}/χ 为 1.84 ~ 6.77 之间，χ_{ARM}/SIRM 为 11.07×10^{-5} ~ 62.89×10^{-5} m/A 之间，表明假单畴 – 多畴颗粒主导了本层样品的磁性特征；本段 SIRM 的平均值高达 $6\,329.33 \times 10^{-6}$ Am²/kg，为整个岩芯的最高值段，S_{-300} 在 92.23% ~ 93.58% 之间，表明亚铁磁性矿物主导了本层样品的磁性特征。但是 SIRM 和 χ 表现出来的正好相反的变化规律，同时 SIRM/χ 较大，介于 10.76 ~ 16.64 kA/m 之间，说明不完整反铁磁性矿物和矿物晶粒对样品的磁性特征有较大影响。

（2）3.4 ~ 7.0 m 深度层：各个磁参数的波动都比较小，并且变化规律也都基本相同。其中，S_{-300} 的波动最小，同时也是全岩芯最稳定的一段，在 92.89% ~ 94.14% 之间，依然表明亚铁磁性矿物占据主导地位。然而由于 χ、SOFT、SIRM 和 χ_{ARM} 都低于第 1 层，说明亚铁磁性磁性矿物的含量略有下降。χ_{fd} 为 1.22% ~ 2.95% 之间，表明本层样品中也含有超顺磁晶粒，但含量也低于第 1 层。χ_{ARM}/χ 为 1.97 ~ 3.71 之间，$\chi_{ARM}/SIRM$ 为 $12.34 \times 10^{-5} \sim 22.51 \times 10^{-5}$ m/A 之间，都是全岩芯的最低值段，说明较粗的假单畴 – 多畴颗粒占据主导地位。由于 $SIRM/\chi$ 为 15.96 ~ 16.80 kA/m 之间，为整个岩芯的最高值段，说明不完整反铁磁性矿物的含量比第 1 层高。

（3）7.0 ~ 9.8 m 深度层：各个磁参数都有较大波动且变化规律基本相同，同时，几乎都是在 8.5 m 和 9.5 m 左右分别突变到本段的最大值和最小值。除 $SIRM$ 和 $SIRM/\chi$ 以外，本层的其他参数都比第 2 层高，说明本层样品中亚铁磁性矿物、超顺磁晶粒以及较细的单畴颗粒等的含量都有所增加。S_{-300} 在 92.52% ~ 96.26% 之间，为整个岩芯的最高值段，表明亚铁磁性矿物较高；同时，由于 $SIRM$ 和 $SIRM/\chi$ 都较上层有所减小，表明不完整反铁磁性矿物的含量有所下降。另外，表 4.8 显示本层与第 1 层的各个参数都比较接近，表明了这两层沉积物磁性特征的相似性。

表 4.8　飞雁滩 HF 孔沉积物磁参数平均值分层统计

参数	深度/m						
	0 ~ 3.4	3.4 ~ 7.0	7.0 ~ 9.8	9.8 ~ 14.3	14.3 ~ 20.4	20.4 ~ 24.3	24.3 ~ 28.4
$\chi/$ ($\times 10^{-8}$ m^3 · kg^{-1})	45.93	37.57	45.92	48.95	53.59	12.81	36.95
$SIRM/$ ($\times 10^{-6}$ Am^2 · kg^{-1})	6 329.33	6 142.85	6 085.29	5 852.41	5 982.05	1 335.94	4 209.77
$SOFT/$ ($\times 10^{-6}$ Am^2 · kg^{-1})	738.32	578.34	743.33	781.05	906.35	103.32	497.68
$\chi_{ARM}/$ ($\times 10^{-8}$ m^3 · kg^{-1})	217.23	97.18	202.54	278.54	403.52	38.76	100.45
$\chi_{fd}/\%$	4.35	1.68	4.20	6.18	6.36	0.42	1.59
χ_{ARM}/χ	4.50	2.60	4.35	5.68	7.57	3.20	2.63
$\chi_{ARM}/SIRM$ (10^{-5} m/A)	34.92	15.90	33.39	47.55	67.43	30.70	23.28
$SIRM/\chi$ (kA/m)	14.09	16.36	13.34	11.98	11.35	10.42	11.66
$S_{-300}/\%$	93.02	93.43	93.47	93.45	92.65	72.64	91.95

（4）9.8 ~ 14.3 m 深度层：各个磁参数的波动都比较小，并且几乎全部都是随着深度的增加略有下降。与上层相比，除 $SIRM$ 和 $SIRM/\chi$ 稍有下降、S_{-300} 基本相等外，其他参数都有不同程度的增加，说明本层样品中亚铁磁性矿物、超顺磁晶粒以及较细的单畴颗粒等的含量都随着深度进一步增加，而不完整反铁磁性矿物的含量则进一步降低。

（5）14.3 ~ 20.4 m 深度层：这是 HF 孔岩芯变化最复杂的一层，各个磁参数不仅波动大，而且表现出来的变化规律也不尽相同。本层的 χ、$SOFT$、χ_{ARM}、χ_{ARM}/χ、$\chi_{ARM}/SIRM$、χ_{fd} 值都几乎是整个岩芯中波动幅度最大的，同时也都是平均值最大的，说明本层样品中亚铁磁性矿物、超顺磁晶粒以及较细的单畴颗粒等的含量都是变化剧烈且最多的。随着深度的增加，总体上，χ、$SOFT$、χ_{fd} 是减小的，χ_{ARM}/χ 是增大的，而 χ_{ARM}、$\chi_{ARM}/SIRM$ 则几乎是不变的。$SIRM$ 和 $SIRM/\chi$ 的波动也比较大，但随着深度的增加总体上的变化不明显，并且与上层相比差距不大。S_{-300} 大部分在 91.63% ~ 95.56% 之间，表明亚铁磁性矿物主导了大部分样品的磁性特征，不完整反铁磁性矿物的贡献相对比较小；个别样品在 80% 左右，表明不完整反铁磁性矿物有较大贡献。另外，除去 S_{-300} 和 $SIRM/\chi$ 以外，其他参数都分别在 15.4 m 和 18.4 m 左右有很明显的突变。

（6）20.4~24.3 m 深度层：与上一层不同，本层沉积物的大部分磁参数波动很小。除去 χ_{ARM}/χ 和 $\chi_{ARM}/SIRM$ 以外，其他的参数的平均值都是整个岩芯中是最小的。χ、$SIRM$、$SOFT$ 和 χ_{ARM} 的平均值分别只有上一层的 1/10~1/4，说明沉积物中亚铁磁性矿物含量很少。χ_{fd} 介于 0.05%~0.95% 之间，说明本层沉积物几乎不含有超顺磁颗粒。χ_{ARM}/χ 和 $\chi_{ARM}/SIRM$ 的值比较低，反映了较粗的多畴晶粒是主要的。S_{-300} 大部分在 58.31%~89.95% 之间，表明不完整反铁磁性矿物占有较大比例；个别样品的在 94% 以上，则表明亚铁磁性矿物占有主导地位。

（7）24.3~28.4 m 深度层：本层沉积物磁性参数的值较上层有一定的增大，并且变化比较复杂。尽管如此，由于 χ、$SIRM$、$SOFT$ 和 χ_{ARM} 的值都比较低，因而亚铁磁性矿物的含量比较小。除个别样品的 χ_{fd} 为 6% 以上外，大部分样品的 χ_{fd} 在 0~2.98% 之间，表示超顺磁晶粒的含量依然非常低。χ_{ARM}/χ 和 $\chi_{ARM}/SIRM$ 的值也比较小，说明假单畴 - 多畴颗粒主导了样品的磁性特征。除少数样品的 S_{-300} 低于 90% 以外，大部分在 90.03%~100% 之间，表明亚铁磁性矿物主导了样品的磁性特征，不完整反铁磁性矿物的贡献相对比较小，而且随着深度的增加，亚铁磁性矿物的相对含量总体上是增大的。

4.3.3.4 磁参数与沉积动力环境

沉积物粒度是影响磁化率的重要因素之一（Oldfield，1994；张卫国和俞立中，2002）。来源、成因不同的磁性矿物有其特定的粒级大小，假设其以独立颗粒存在的话，可以推断 MD 磁铁矿多集中在粉砂、砂粒级中，而超细的 SP、SSD 磁铁矿多集中在黏土中。因此，即使物源一致，由于沉积动力分异而导致沉积物粒度组成的变化，将会对沉积物的磁性特征产生影响，换言之，磁性参数的高低变化，在一定程度上也可以反映水动力条件的变化。

图 4.13 显示了沉积物黏土含量随着垂直深度变化。对比磁参数曲线（图 4.17），可以发现黏土含量与 χ_{fd}、χ_{ARM}、χ_{ARM}/χ 和 $\chi_{ARM}/SIRM$ 的垂向变化较为相似，但与 $SIRM$、χ 的差异较大。为了确定黏土含量与它们之间的相关性，还需要对相关系数进行检验。表 4.9 为相关系数 $\rho=0$（即两要素不相关）、自由度 $f=100$ 与 $f=200$ 时样本相关系数的临界值 r_a。一般而言，当 $|r| < r_{0.1}$ 时，就认为两要素不相关。据表 4.9 中数据，可以推断，当自由度 $f = n - 2 = 183 - 2 = 181$ 时，$r_{0.1} < 0.164$。表 4.10 中，χ_{fd}、χ_{ARM}、χ_{ARM}/χ 和 $\chi_{ARM}/SIRM$ 与 0~2 μm、2~4 μm、0~4 μm、4~8 μm、0~8 μm、8~16 μm、0~16 μm、0~32 μm 以及中值粒径和平均粒径的相关系数都远大于 $0.321 = r_{0.001}$（$f=100$ 时），即它们之间的同向相关概率高达 99.9%，说明有明显的正相关性，其中与中值粒径的相关性最为显著；与 16~32 μm 和 4~63 μm 的相关系数都基本上大于或等于 $0.254 = r_{0.01}$（$f=100$ 时），即它们之间的同向相关概率达 99%，说明有较明显的正相关性；与 32~63 μm 和大于 63 μm 呈明显的负相关。χ 和 $SOFT$ 与各粒级的相关规律与上述参数的基本相同，但是相关性较差。$SIRM/\chi$ 与 S_{-300} 与各粒级的相关性规律则刚好与上述参数的相反，并且相关性也较差。而 $SIRM$ 则几乎没有相关性。所有参数与 16~32 μm 粒级的相关性较差，与 32~63 μm 粒级呈显著的负相关。这些结果表明，磁性矿物的大小以小于 32 μm 粒级为主，细晶粒磁铁矿（SD、SP）和较粗的磁铁矿（MD）

在各粒级中的富集程度相差不大。

表 4.9　检验相关系数 $\rho = 0$ 且自由度 $f = 100$ 与 $f = 200$ 时的临界值 r_a

f	a				
	0.10	0.05	0.02	0.01	0.001
100	0.164	0.195	0.230	0.254	0.321
200		0.138		0.181	

注：其中（$\rho\{\,|r|>r_a\,\}=a$）。

表 4.10　磁性参数与粒度组成、粒度参数之间的相关系数

粒径	χ	$SIRM$	$SOFT$	χ_{fd}	χ_{ARM}	χ_{ARM}/χ	$\chi_{ARM}/SIRM$	$SIRM/\chi$	S_{-300}
<2 μm	0.30	0.09	0.30	0.55	0.57	0.56	0.67	-0.33	-0.18
2~4 μm	0.26	0.06	0.26	0.52	0.55	0.55	0.66	-0.32	-0.21
<4 μm	0.29	0.07	0.29	0.54	0.56	0.56	0.67	-0.33	-0.19
4~8 μm	0.25	0.04	0.25	0.52	0.54	0.55	0.65	-0.32	-0.23
<8 μm	0.27	0.06	0.28	0.53	0.56	0.56	0.67	-0.33	-0.21
8~16 μm	0.23	0.05	0.25	0.54	0.54	0.57	0.64	-0.27	-0.23
<16 μm	0.27	0.06	0.27	0.54	0.56	0.57	0.67	-0.32	-0.22
16~32 μm	0.09	0.13	0.16	0.38	0.27	0.37	0.29	0.07	-0.02
<32 μm	0.26	0.09	0.28	0.58	0.57	0.60	0.67	-0.27	-0.20
32~63 μm	-0.22	-0.02	-0.17	-0.35	-0.41	-0.30	-0.40	0.31	0.17
4~63 μm	0.06	0.09	0.15	0.35	0.25	0.34	0.29	0.04	-0.07
>63 μm	-0.20	-0.10	-0.26	-0.54	-0.49	-0.55	-0.57	0.16	0.16
中值粒径	0.27	0.08	0.29	0.57	0.58	0.61	0.69	-0.29	-0.19
平均粒径	0.26	0.08	0.28	0.56	0.56	0.58	0.67	-0.28	-0.20
标准偏差	0.06	0.10	0.07	0.15	0.22	0.36	0.27	0.11	0.09
偏态	0.25	0.08	0.26	0.50	0.50	0.65	0.72	-0.24	-0.12
峰态	-0.20	-0.13	-0.22	-0.44	-0.43	-0.50	-0.50	0.08	0.08

另外，指示细晶粒磁性矿物的参数 χ_{fd}、χ_{ARM}、χ_{ARM}/χ 和 $\chi_{ARM}/SIRM$ 与粒度参数偏态存在显著的正相关性，与峰态存在较显著的负相关性，与标准偏差存在一定的正相关性。χ 和 $SOFT$ 与偏态存在一定的正相关性，与峰态存在一定的负相关性，与标准偏差则几乎没有相关性。这些结果说明，沉积物粗端组分越占优势，分选性越好，细晶粒磁性矿物含量反而越高了，磁性越强了，这显然是与理论有点矛盾的。原因之一可能是细晶粒磁铁矿附着在大颗粒上，另外一种可能是分析中采用的样品分离技术，未能将不同粒级组分完全分开，使得较粗粒级中含有一些细粒级组分（Zheng et al.，1991）。

由于沉积物粒度大小受水动力条件的制约，因而，沉积物磁性参数的变化主要反映了水动力能量变化。在该孔磁化率曲线上，χ 在 21.7 m 以上呈锯齿状波动，反映了河口海岸地区径流、潮流交互作用的复杂性和潮流作用的脉动性。对比 HF 孔沉积物粒度和磁化率的垂向变化，可以发现，在相同的深度处都有几个明显的突变，出现这种现象的原因显然是与水动力条件的突变分不开的。一种可能是在特丰年，黄河遭遇特大洪峰，强大的水流动力冲刷河道两岸和河底，带来性质不同的沉积物在此沉积；另一种可能是沿海地区出现风暴潮，其他地区的不同性质的沉积物被搬运到此沉积。但是，具体是哪一种原因，还需要古生物、黏土矿物等方面的证据。

在对 Irish 海滨沉积物的研究中，Oldfield（1994）和俞立中、张卫国（1998）提出了将 ARM、ARM/χ 作为细粒级组分（< 31 μm）含量的代用指标。这一关系已在长江口潮滩沉积物中得到了证实（张卫国和俞立中，2002），而本研究结果表明，这一关系也同样适用于黄河口潮滩沉积物。另外，由于 $\chi_{ARM}/SIRM$ 与细粒级组分含量的高度相关性，因此可将它也视作细粒级组分含量的代用指标。鉴于细颗粒泥沙在沉积动力、环境污染等研究中的重要性，磁学替代指标具有重要的应用价值。

4.3.4　HF 孔沉积物工程特性

黄河口分流河道摆动频繁闻名于世，常常造成亚三角洲叶瓣相互叠覆，其中钓河口亚三角洲自 1855 年以来有多个亚三角洲叶瓣叠加组成（附图 1），显然各个叶瓣形成时的沉积速率不一致。1855—1964 年间，黄河入海泥沙在该区域沉积厚度为 8.5 m，平均沉积速率为 0.08 m/a；1964—1976 年间，黄河流经钓口河入渤海，在飞雁滩地区出现泥沙快速沉积，沉积厚度大于 9.8 m，平均沉积速率大于 0.82 m/a。由于黄河三角洲沉积物以细颗粒级组分为主，在其沉积过程中沉积物含有大量水分，被上伏地层彼此快速覆盖，造成含水量比较高、土层疏松等物理特性。

黄河三角洲堆积体地层不稳定性比较突出，对海洋工程设施建造有较大的危害性，主要表现在以下三方面：①三角洲不稳定的工程软弱层。三角洲堆积过程中将含水量高、颗粒细的前三角洲相、三角洲侧缘相（烂泥湾）等软弱地层埋葬，在不均衡的压力下流动，形成海底刺穿、大型海底滑坡等灾害体，对工程设施危害极大；②水下斜坡是三角洲上主要的工程不稳定区。快速堆积形成的前缘斜坡海底沉积物以粉砂为主，含水量比较高，坡度较大，在外部触发下，易于使浅地层软化甚至液化，进而顺坡产生滑坡，这些过程对海岸防护工程设施都能构成不同程度的危害；③三角洲下沉产生的工程危害。未来 10 年黄河三角洲将下沉 80 cm，这将大大降低已有工程设施的设计标准，海洋动力对平台、海岸大堤和陆地油田的侵害将越来越严重（李广雪等，2000；师长兴等，2003a）。

4.3.4.1　沉积物工程性质的基本指标

1）含水量 w

又称为含水率，指土中水质量与土粒质量之比，以百分数计，即：

$$w = \frac{m_w}{m_s} = 100\% \qquad (4.11)$$

式中，含水量 w 是反映土湿度的一个重要物理指标。自然状态下土层含水量称天然含水量，其变化范围很大，与土的种类、埋藏条件及其所处的自然地理环境等有关。一般干燥粗砂土，其值接近于零，而饱和砂土，可达 40%；坚硬的黏性土的含水量约小于 30%，而饱和状态的软黏性土（如淤泥），则可达 60% 或更大。一般说来，同一类土，当其含水量增大时，强度就降低。

2）天然密度 ρ

自然状态下，单位体积土质量，单位为 g/cm^3 或 t/m^3，即：

$$\rho = \frac{m}{v} \qquad (4.12)$$

天然密度变化范围较大。一般黏性土 $\rho = 1.8 \sim 2.0\ g/cm^3$；砂土 $\rho = 1.6 \sim 2.0\ g/cm^3$；腐殖土 $\rho = 1.5 \sim 1.7\ g/cm^3$。

3）干土密度 ρ_s

干土粒的质量 m_s 与其体积 V_s 之比，由下式表示：

$$\rho = \frac{m_s}{V_s} \qquad (4.13)$$

干土密度主要取决于土矿物成分，不同类型土干土密度变化幅度不大，一般砂土 $\rho_s = 2.65 \sim 2.69\ g/cm^3$；砂质粉砂 $\rho_s = 2.70\ g/cm^3$；黏质粉砂 $\rho_s = 2.71\ g/cm^3$；粉砂质黏土 $\rho_s = 2.72 \sim 2.73\ g/cm^3$；黏土 $\rho_s = 2.74 \sim 2.76\ g/cm^3$（高大钊和袁聚云，2003）。

4）饱和度 S_r

孔隙中水的体积 V_w 与孔隙体积 V_V 之比，以百分数计，由下式表示：

$$S_r = \frac{V_w}{V_V} \times 100\% \qquad (4.14)$$

5）孔隙比 e

孔隙的体积 V_V 与固相体积 V_s 之比，以小数计，由下式表示：

$$S_r = \frac{V_V}{V_s} \qquad (4.15)$$

孔隙比用来评价土的紧密程度，或从孔隙比的变化推算土的压密程度。

6）液限 W_L 和塑限 W_P

土从流动状态转变为可塑状态的界限含水率称为液限，也就是可塑状态的上限含水率。土从可塑状态转变为半固体状态的界限含水率称为塑限，也就是可塑状态的下限含水率。

7）液性指数 I_L

表示天然含水量与界限含水量相对关系的指标，由下式定义：

$$I_L = \frac{W - W_P}{W_L - W_P} \qquad (4.16)$$

可塑状态的土的液性指数在 0 到 1 之间，液性指数越大，表示土越软；液性指数大于 1 的土处于流动状态；小于 0 的土则处于固体状态或半固体状态。

8）塑性指数 I_P

从液限到塑限含水量的变化范围，由下式算得：

$$I_P = W_L - W_P \qquad (4.17)$$

塑性指数习惯上用不带百分号的数值表示。它是黏性土最基本、最重要的物理指标之一，它综合地反映了土的物质组成，广泛应用于土分类和评价。但由于液限测定标准的差别，同一土类按不同标准可能得到不同塑性指数；塑性指数值相同的土，其土类可能完全不同。

9）黏聚力 c

包括原始黏聚力、固化黏聚力和毛细黏聚力。原始黏聚力主要是由于土粒间水膜受到相邻土粒之间的电分子引力而形成的，当土被压密时，土粒间的距离减小，原始黏聚力随之增大，当土的天然结构被破坏时，原始黏聚力将丧失一些，但会随着时间而恢复其中一部分或全部。固化黏聚力是由于土中化合物的胶结作用而形成的，当土的天然结构被破坏时，则固化黏聚力随之丧失，而且不能恢复。毛细黏聚力是由于毛细压力所引起的，一般可忽略不计。

10）内摩擦角 ϕ

土体中颗粒间相互移动和胶合作用形成的摩擦特性，代表土的内摩阻力，内摩阻力包括土粒之间的表面摩擦力和由于土粒之间连锁作用而产生咬合力。咬合力是指当土体相对滑动时，将嵌在其他颗粒之间的土粒拔出所需的力，土越密实，连锁作用则越强。其数值为强度包线与水平线的夹角。

11）抗剪强度 τ_f

土体发生剪切破坏时，将沿着其内部某一曲面（滑动面）产生相对滑动，而该滑动面上的剪应力就等于土的抗剪强度。根据库仑定律，计算抗剪强度的表达式为：

$$\tau_f = c + \sigma \text{tg}\phi \tag{4.18}$$

式中，σ 为剪切滑动面上法向应力（kPa）。

12）压缩系数 α

土体孔隙比变化值 Δe 与导致这一变化的压力变化值 Δp 比值，即压缩曲线斜率，计算公式为：

$$a = \text{tg}\alpha = \frac{\Delta e}{\Delta p} = \frac{e_1 - e_2}{p_1 - p_2} \tag{4.19}$$

压缩系数愈大，土压缩性愈高。为了便于比较，一般采用压力间隔 $P_1 = 100$ kPa 至 $P_2 = 200$ kPa 时对应压缩系数 α_{1-2} 来评价土压缩性，即 $\alpha_{1-2} < 0.1$ MPa^{-1} 时，属低压缩性土；$0.1 \leqslant \alpha_{1-2} < 0.5$ MPa^{-1} 时，属中压缩性土；$\alpha_{1-2} \geqslant 0.5$ MPa^{-1} 时，属高压缩性土。

13）压缩模量 E_s

土在完全侧限的条件下竖向应力增量 Δp 与相应的应变增量 $\Delta \varepsilon$ 比值，即：

$$E_s = \frac{\Delta p}{\Delta \varepsilon} \tag{4.20}$$

同压缩系数 α 一样，压缩模量 E_s 也是随着压力大小而变化。在压力小时，压缩系数 α 大，压缩模量 E_s 小；在压力大时，压缩系数 α 小，压缩模量 E_s 大。

4.3.4.2 土力学基本指标测试

从 HF 孔岩芯中选取 13 段样品测试其物理力学性质，在华东师范大学资源与环境科学学院工程勘察部实验室完成整个测试项目，具体测试方法及测试仪器如下。

1）含水量 w

用"烘干法"测定。先称小块原状土样的湿土质量，然后置于烘干箱内维持 $100 \sim 105℃$ 烘至恒重，再称干土质量，计算湿、干土质量之差与干土质量的比值，求得土的含水量。

2）天然密度 ρ

用"环刀法"测定。用一个圆环刀放在削平的原状土样面上，徐徐削去环刀外围的土，使保持天然状态的土样压满环刀内，称得环刀内土样质量，求得它与环刀容积之比值，即为其密度。

3）干土密度 ρ_s

用"比重瓶法"测定。将称好质量的干土放入盛满水的比重瓶中，根据比重瓶前后质量的差异，计算土粒的体积，从而进一步求得土粒干土密度。

4）液限 W_L

采用锥式液限仪来测定。将黏性土调成均匀的浓糊状，装满盛土杯，刮平杯口表面，将 76 g 重圆锥体轻放在试样表面的中心，使其在自重作用下徐徐沉入试样，若圆锥体经 5 s 恰好沉入 10 mm 深度，这时杯内土样的含水量就是液限 W_L 值。

5）塑限 W_P

用"搓条法"测定。即用双手将天然湿度的土样搓成小圆球（球径小于 10 mm），放在毛玻璃板上再用手掌慢慢搓滚成小土条，用力均匀，搓到土条直径为 3 mm，出现裂纹，自然断开，求得土条的含水量，即为塑限 W_P 值。

6）黏聚力 c、内摩擦角 ϕ 及抗剪强度 τ_f

用"直接剪切实验"方法测定。所用仪器为应变型电动直剪仪 DSJ－4，采用 4 个试样为一组，分别在不同的垂直压力 σ 下，施加水平剪应力进行剪切，求得破坏时的剪应力 τ_f，根据库仑定律确定内摩擦角 ϕ 和黏聚力 c。而直接剪切试验又可分为快剪、固结快剪和固结慢剪 3 种方法，本试验采用固结快剪法，即在竖向压力下将试样充分排水，待固结稳定后，再快速施加水平剪应力使试样破坏。

7）压缩系数 α 与压缩模量 E_r

用"固结实验"方法测定。所用仪器为三联中压固结仪 WG－1B，用金属环刀切取保持天然结构的原状土样，并置于圆筒形压缩容器刚性护环内，土样上下各垫有一块透水石，土样受压后土中水可以自由排出，由于金属环刀和刚性护环的限制，土样在压力作用下只可能发生竖向压缩，而无侧向变形。土样在天然状态下或经人工饱和后，进行逐级加压固结，测定各级压力 P 作用下土样压缩稳定后孔隙比变化，进而绘制测试土样压缩曲线。由土样压缩曲线即可得土样压缩性指标：压缩系数 α 与压缩模量 E_s。

4.3.4.3 HF 孔沉积物工程力学基本特性

1）含水量

沉积物的天然含水量都在塑限以上、液限以下。该孔沉积物主要成分黏土质粉砂，含水量在 21.9% ~ 31.7% 之间，变化较大；粉砂质细砂的含水量相对要小，在 19.9% ~ 21.0% 之间（表 4.11），变化较小。这与沉积物中黏土颗粒含量多少有很大关系，因为黏粒含量愈高，孔隙水愈难排出，一般含水量较高。图 4.22a 显示含水量与黏土含量呈较明显的正相关性，也证明了这一点。但含水量变化的总趋势是随着埋深的增加先增加后减小，呈有规律的变化（图4.22b）。

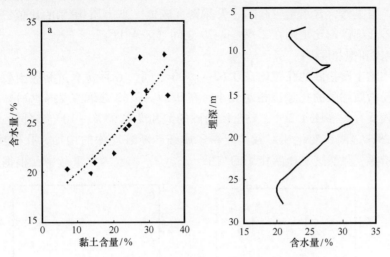

图4.22　沉积物含水量与黏土含量和埋深的关系

表4.11　HF孔沉积物土工试验成果汇总

土样编号			1	2	3	4	5	6	7	8	9	10	11	12	13
取土深度		m	−7.0～ −7.3	−8.2～ −8.5	−11.4～ −11.6	−11.6～ −11.8	−12.6～ −12.8	−13.0～ −13.2	−17.8～ −18.0	−18.0～ −18.2	−19.5～ −19.7	−20.1～ −20.3	−25.2～ −25.4	−26.3～ −26.5	−27.6～ −27.9
颗粒组成	黏土	%	23.3	20.3	27.5	29.2	25.9	24.5	27.6	34.5	25.6	35.5	7.1	13.6	14.7
	粉砂	%	64.4	68.5	69.6	67.0	70.7	72.4	67.9	62.2	68.7	60.1	35.5	39.8	34.5
	细砂	%	12.3	11.2	2.9	3.8	3.4	3.1	4.5	3.3	5.7	4.4	57.4	46.6	50.8
基本指标	含水量（w）	%	24.3	21.9	26.6	28.1	25.2	24.7	31.4	31.7	27.9	27.6	20.3	19.9	21.0
	天然密度（ρ）	g·cm⁻³	2.06	2.05	2.02	2.01	2.01	2.02	1.89	1.90	2.00	1.99	2.00	2.02	2.07
	干土密度（ρ_S）		2.72	2.72	2.73	2.73	2.73	2.73	2.73	2.73	2.73	2.73	2.70	2.69	2.69
	饱和度（Sr）	%	100	96	100	100	98	98	95	97	100	100	88	90	99
	孔隙比（e）		0.64	0.62	0.71	0.74	0.70	0.69	0.90	0.89	0.75	0.75	0.62	0.60	0.57
界限含水量	液限（W_L）	%	33.3	32.7	36.7	37.2	36.4	36.3	37.4	38.0	36.5	36.6			
	塑限（W_P）	%	19.9	19.5	21.4	21.4	20.9	21.0	21.3	22.2	21.2	21.8			
	塑性指数（I_P）		13.4	13.2	15.3	15.8	15.5	15.3	16.1	15.8	15.3	14.8			
	液性指数（I_L）		0.33	0.18	0.34	0.42	0.28	0.24	0.63	0.60	0.44	0.39			
直剪（峰值）	黏聚力（c）	kPa	13	13	14	15	15	16	15	14	15	13	8	7	3
	内摩擦角（ϕ）	(°)	22.0	21.5	17.5	18.0	20.0	20.0	18.0	21.0	18.0	18.0	19.0	30.0	32.0
固结	压缩系数（$a_{1～2}$）	MPa⁻¹	0.28	0.24	0.43	0.46	0.26	0.26	0.49	0.49	0.39	0.40	0.17	0.16	0.13
	压缩模量（Es）	MPa	5.93	6.66	3.96	3.80	6.49	6.53	3.90	3.86	4.49	4.42	9.53	10.02	12.16
土质名称			灰褐色黏土质粉砂	灰褐色黏土质粉砂	褐黄色黏土质粉砂	褐黄色黏土质粉砂	灰褐色黏土质粉砂	灰褐色黏土质粉砂	灰色黏土质粉砂	灰色黏土质粉砂	灰色黏土质粉砂	灰色黏土质粉砂	灰黄色粉砂质细砂	灰黄色粉砂质细砂	灰色粉砂质细砂

2) 天然密度与干土密度

沉积物的天然密度在 1.89～2.07 g/cm³ 之间，并且黏土质粉砂与粉砂质细砂的差别不大，但是，很显然，含水量较高的，天然密度较低。黏土质粉砂的比重在 2.72～2.73 之间，而粉砂质细砂的比重则在 2.69～2.70 之间（表 4.11）。

3) 孔隙比和饱和度

沉积物中黏土质粉砂的孔隙比在 0.62～0.90 之间，并且含水量和黏土较高土样的孔隙比较大；粉砂质细砂的孔隙比相对较小，在 0.57～0.62 之间（表 4.11），这与含水量和黏土含量较低有关（图 4.23）。黏土质粉砂的饱和度在 95%～100% 之间，粉砂质细砂的在 88%～99% 之间，变化相对较大。粉砂质细砂随着埋深的增加，孔隙比逐渐减小，饱和度逐渐增大，显然这是压实作用的结果。

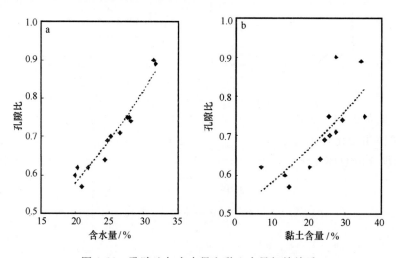

图 4.23　孔隙比与含水量和黏土含量相关关系

4) 塑性特征

黏土质粉砂的液限在 32.7%～38.0% 之间，塑限在 19.5%～22.2% 之间，塑性指数在 13.2～16.1 之间，液性指数在 0.18～0.63 之间。从表 4.11 中不难发现，沉积物中黏土含量越高，液限、塑限、塑性指数和液性指数都相对越高，这是由于黏土部分含有较多的黏土矿物颗粒和有机质的缘故（图 4.24）。由于液性指数 $0 < I_L \leqslant 0.75$，根据《岩土工程勘察规范》（GB 50021—2001）的划分标准，可知除 8.2～8.4 m 深度层沉积物属于硬塑态外，其余都属于可塑态。同时，I_L 越大，表示土越软。

5) 力学性质

沉积物的力学性质是指沉积物在外力作用下所表现出的性质，主要为变形特性和强度特性，通常以抗剪强度参数和压缩参数来表示，它是土地质工程性质的主要组成部分。土力学性质主要取决于土的粒度成分、矿物成分、结构和构造，还与土受力历史有关。现代黄河三角洲沉积物是在快速沉积环境下形成的，土孔隙中的水来不及排出，表层沉积物没有经过压实作用的影响，因此，沉积物的含水量和孔隙水压力较大，其抗剪强度较低，压缩性较高。

沉积物中黏土质粉砂的黏聚力较高，在 13～16 kPa 之间，内摩擦角在 17.5°～22°之

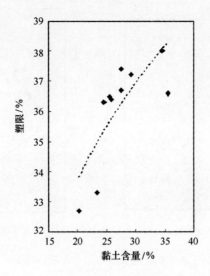

图 4.24　沉积物塑性特征与黏土含量的关系

间，抗剪强度为 2.24 ~ 2.87 kPa，变化不大；粉砂质细砂的黏聚力则较低，只有 3 ~ 8 kPa，内摩擦角变化较大，在 19° ~ 32°之间，抗剪强度为 2.44 ~ 4.02 kPa，变化较大。抗剪强度随埋深的总体变化趋势是增大的（图 4.25）。

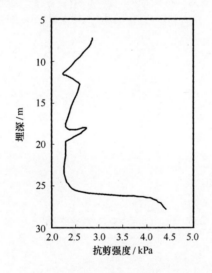

图 4.25　沉积物抗剪强度随埋深的变化

沉积物中黏土质粉砂的压缩系数 a_{1-2} 在 0.24 ~ 0.49 MPa^{-1} 之间，压缩模量在 3.80 ~ 6.53 MPa，属于中压缩性土；粉砂质细砂的压缩系数明显低于前者，在 0.13 ~ 0.17 MPa^{-1} 之间，而压缩模量则明显高于前者，在 9.53 ~ 12.16 MPa 之间。说明沉积物压缩模量的大小与黏土含量密切相关，且随着埋深的总体变化趋势是增大的（图 4.26）。

总之，钓口河亚三角洲 HF 孔沉积物工程特性随着埋深的变化呈有规律的变化，黏土

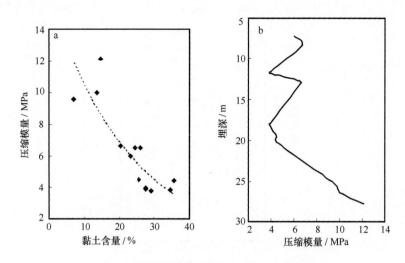

图 4.26　沉积物压缩模量与黏土含量和埋深的关系

质粉砂与粉砂质细砂的特性有明显差别，而黏土质粉砂中 17.8～18.2 m 之间深度层也有较明显的不同。

5 钓口河亚三角洲岸滩侵蚀及机理分析

5.1 基础资料与分析方法

5.1.1 基础资料

2004 年 4 月、9—10 月，2005 年 7 月，2006 年 4—5 月，2007 年 10 月先后在黄河三角洲近岸尤其在钓口河亚三角洲岸滩水域进行了多测点水文泥沙观测、浅地层剖面探测、沉积物取样、地形剖面测量、钻孔探测等现场调查工作，获得最新的实测水沙、沉积物和地形数据；同时，收集了多年份地形剖面实测数据（图 1.16）。

5.1.2 地形剖面形态参数

地形剖面数据按照步长 0.1 m 水深，利用线性内插方法网格化，由于各测年起始水深不同，研究范围定为 2.4 ~ 15 m 水深。地形剖面长度（P）定义为图 5.1 中的粗虚线条部分，即研究水深范围内地形剖面曲线的长度。地形剖面面积（A）定义为图中不规则多边形，即由地形剖面线与研究深度范围和固定起始界限包围而成。A 的数值等于研究水深范围内，单位宽度岸滩的土体体积。A 值变化表示岸滩发生冲淤程度，A 值减小意味着岸滩地形发生净蚀退。地形剖面形态指数 F 定义为 $F = A/P$，反映地形剖面形态变化。地形剖面的形态变化可用以下 3 个指数来概括。

（1）地形剖面净淤涨时：$A+$ $\begin{cases} P+ & F \sim & \text{上冲下淤} \\ P \sim & F+ & \text{平行淤涨} \\ P- & F++ & \text{上淤下冲} \end{cases}$

（2）地形剖面平衡时：$A \sim$ $\begin{cases} P+ & F- & \text{上冲下淤} \\ P \sim & F \sim & \text{基本平衡} \\ P- & F+ & \text{上淤下冲} \end{cases}$

（3）地形剖面净蚀退时：$A-$ $\begin{cases} P+ & F-- & \text{上冲下淤} \\ P \sim & F- & \text{平行蚀退} \\ P- & F \sim & \text{上淤下冲} \end{cases}$

其中，"$-$"表示减小，"$+$"表示增加，"$\sim$"表示变化幅度较小，而"$--$"和"$++$"的变化率大于"$-$"和"$+$"。

5.1.3 EOF 正交经验函数

经验正交函数分解（EOF）是从统计学角度出发，把多时间的空间点的某要素场的时

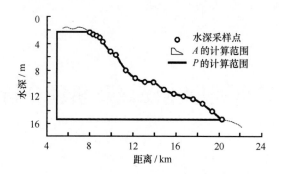

图 5.1　地形剖面形态参数示意图

空复合矩阵分解成正交的空间函数与正交的时间函数的乘积（向卫华等，2003）。设抽取样本容量为 $n \times p$ 的资料，则场中任一空间点 x 和任一时间点 t 的观测值 h_x，t 可看成由 i 个空间函数和时间函数的线性组合，可表示为：

$$h_{x,t} = \sum c_i(t) e_i(x) (\lambda_i np)^{1/2} \tag{5.1}$$

式中，$h_{x,t}$ 为 x 处在 t 时刻的岸滩高程观测值，$c_i(t)$ 为时间正交函数，$e_i(x)$ 为空间正交函数，λ_i 为第 i 个正交函数对应的特征值，n 为时间上观测次数，p 为空间上观测点数。进行 EOF 计算前，对数据进行标准化，然后利用 matlab 数值计算软件编程计算得到特征值及其对应的特征向量，每个特征值有相应的空间特征函数和时间特征函数。按特征值排序，前 3 个特征函数的特征值累计贡献率超过 90%，能够表征地形剖面变化的主要特征，其余的时空函数视为地形剖面变化的随机过程，不予以讨论。

不同时间段和空间范围内的 $c(t) \times e(x)$ 值变化，表示了此时空范围内岸滩淤涨、蚀退的变化的趋势，$c(t) \times e(x)$ 值增大代表淤涨，反之，表示蚀退。

5.2　亚三角洲岸滩变化特征

5.2.1　亚三角洲形成期岸滩变化特征

1964—1976 年为钓口河行水期，黄河丰富的来沙量，使亚三角洲快速淤涨（图 2.1）。如图 5.2 所示，淤涨集中在近岸区域，1971—1976 年 5 年间累计淤积厚度最大值可达 7.7 m（图 5.2E），各时段淤积中心有所不同，淤积中心随着各时段入海尾闾变化而变化。1971—1973 年钓口河主要走东流路，造成 CS7、CS8 地形剖面显著淤涨，尔后流路向西转移，沉积中心也相应向西转移（图 5.2A）。1973 年至 1975 年 6 月，岸滩仅在流路口门附近淤积，而深水区大部分岸滩侵蚀，且侵蚀量从东向西减少（图 5.2B）。1975 年在 6 月和 10 月进行了两次地形剖面测量，表明该年汛期钓口河从西口入海（图 5.2C），淤积集中在 CS2 ~ CS5 地形剖面间的近岸区域。1975 年 10 月至 1976 年，地形剖面淤积中心又略有东移至 CS5 地形剖面区（图 5.2D）。因此，1971—1976 年钓口河亚三角洲建设过程在空间上是一个循环淤涨的过程。

钓口河亚三角洲的循环淤涨过程在时间上表现为黄河来水来沙多时，亚三角洲岸滩淤涨较快，反之有可能出现侵蚀。1975 年的 2 次测量数据正好间隔一次汛期，黄河汛期集中输沙的特点在岸滩整体淤涨得到充分体现，汛期 4 个月中钓口河近岸淤积厚度最大可达 5 m 以上（图 5.2C）。1973 年至 1975 年 6 月经过了一整年和一个枯季，除了行水河口近岸地区略有淤积外，其他岸滩大面积侵蚀（图 5.2B）。可知，在黄河汛期来水来沙多时，钓口河亚三角洲岸滩为主要淤涨期，冬季为侵蚀期。

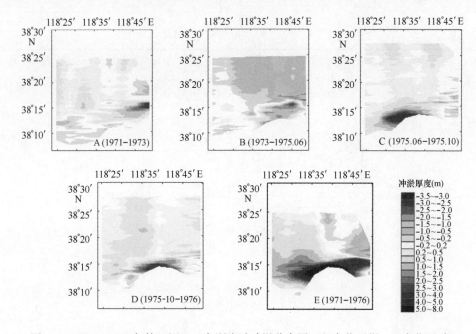

图 5.2　1971—1976 年钓口河亚三角洲岸滩冲淤分布图（红色指示淤，蓝色指示冲）

　　1971—1976 年，以 118°36′ E 为界，以西为 CS1～CS4 地形剖面，为净淤涨；以东为 CS5～CS8 地形剖面，上淤下冲。整体上看，河口以西区域和近岸淤积强度较大。在 CS4 和 CS5 地形剖面间的主流河口外的近岸水域淤涨量最大。地形剖面参数 A、P、F 归一化后比较结果看（图 5.3a－c 和表 5.1），指数 A 能反映地形剖面的淤涨量变化，CS4、CS5 地形剖面在 1976 年达到峰值，表明该水域淤涨量最大。同时，除了 CS8 地形剖面淤涨量最小以外，其余地形剖面在建设期中淤涨量相当。亚三角洲海岸地形剖面在淤涨过程中，近岸泥沙不断堆积，岸滩抬高形成三角洲平台，前缘斜坡向海推移过程中坡度不断加大，3～15 m 水深范围内地形剖面指数 P 数值逐步降低，指数 P 减小幅度最大的是 CS5 地形剖面，1976 年时为 0.81。CS5 地形剖面为钓口河主流路位置，淤涨量集中，形态变化最明显，F 指数变化同样是最大的。指数 F 以 CS5 为中心向两侧减小。1971—1976 年 CS4～CS6 剖面 F 指数都达到 1.59 以上，而两侧的 CS3 和 CS7 指数 F，1976 年时分别为 1.38 和 1.46，距 CS5 最远的 CS1、CS2 和 CS8 指数 F，在 1976 年时仅为 1.19、1.20 和 1.16。

表 5.1 1971—1976 年地形剖面参数[*]

剖面号	CS1	CS2	CS3	CS4	CS5	CS6	CS7	CS8
单宽淤积量/ $\times 10^3$ m³	23.03	21.64	31.48	36.42	32.89	28.00	20.57	7.16
A 指数	1.24	1.20	1.26	1.40	1.46	1.39	1.29	1.07
P 指数	1.04	1.00	0.92	0.88	0.81	0.85	0.88	0.92
F 指数	1.19	1.20	1.38	1.59	1.80	1.62	1.46	1.16
1971 年坡度/‰	0.60	0.64	0.75	0.75	0.84	1.01	1.13	1.53
1976 年坡度/‰	0.58	0.62	0.81	0.96	1.42	1.56	1.67	2.06

[*] 单宽淤积量、A、P、F、坡度计算深度范围除 CS1 为 2~14.2 m 水深外，其他剖面均为 3~15 m 水深范围；A、P、F 指数 1971 年数值均为 1。

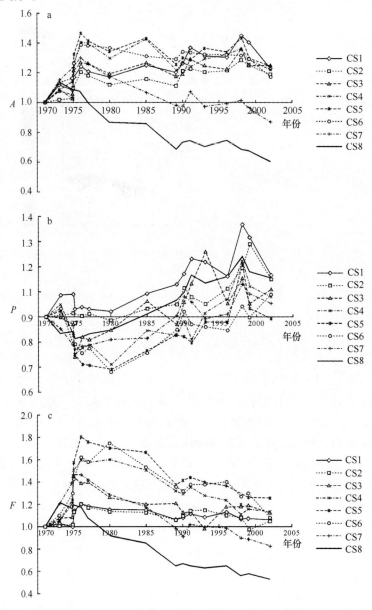

图 5.3 地形剖面 CS1~CS8 参数 A（a）、参数 P（b）和参数 F（c）变化过程

5.2.2 亚三角洲废弃期岸滩变化特征

1976 年黄河改道走清水沟，泥沙扩散作用范围有限，其影响北界不超过黄河海港（李东风等，1998；李福林等，2000），清水沟流路输沙在飞雁滩（钓口河亚三角洲岸滩）沉积通量不足 1.0 mm/a（李国胜等，2005），岸滩失去黄河来沙补给，岸滩迅速进入侵蚀状态，1976—1977 年开始发生大面积侵蚀（图 5.4）。

据统计在钓口河行水期间（1964—1973 年）大约有 35.9% 的黄河来沙共 40.67×10^8 t 向外海扩散（董年虎，1997）。表明在泥沙充足的条件下，该海域泥沙扩散能力年均达 4.0×10^8 t/a。可见，潮流、波浪输沙能力较强，在失去泥沙补给后钓口河亚三角洲岸滩快速蚀退是其必然的。如图 5.4、图 5.5 所示，1976—2002 年局部区域最大侵蚀厚度可达 7.0 m 以上，侵蚀量呈东西向分布，东部大，西部小。整体上近岸侵蚀量大，海床侵蚀量小，与三角洲建设时期的淤积区相一致。在近岸强侵蚀区和海床侵蚀区间存在一个淤积带，26 年累计淤积厚度未超过 2.0 m。1989 年前以蚀退为主，进入 20 世纪 90 年代后，在经度方向出现冲淤的循环波动，即淤积或者冲刷中心沿着水流方向移动。

1976—2002 年典型地形剖面参数变化值见表 5.2。地形剖面侵蚀最基本的特征是剖面整体坡度变缓，坡度的变幅与地形剖面的侵蚀强度是正相关的。不同地形剖面在侵蚀过程中，上冲下淤存在与否以及转换深度各不相同。表 5.2 中列举的数据可以清楚地表明侵蚀强的地形剖面，其上冲下淤的转换深度由西向东逐渐变深。

表 5.2　1976—2002 年地形剖面特征值及变化

剖面号	CS1	CS2	CS3	CS4	CS5	CS6	CS7	CS8
单宽净侵蚀量/ $\times 10^3$ m³	0.63	1.74	2.31	16.90	16.52	16.89	30.16	45.28
1976 年坡度/‰	0.58	0.62	0.81	0.96	1.42	1.56	1.67	2.06
2002 年坡度/‰	0.50	0.54	0.59	0.67	0.87	1.08	1.13	1.06
A 变化率（$A2002/A1976$）	0.99	0.99	0.98	0.87	0.85	0.84	0.67	0.56
F 变化率（$F2002/F1976$）	0.89	0.86	0.81	0.71	0.69	0.66	0.56	0.45
冲淤转换深度/m	/	/	6.1~7.3	6.9~8.9	8.3~10.5	10.1~12.6	11.6~13.1	12.2~14

* 单宽净侵蚀量、A、F、坡度计算深度范围除 CS1 为 2~14.2 m 水深外，其他剖面均为 3~15 m 水深范围。

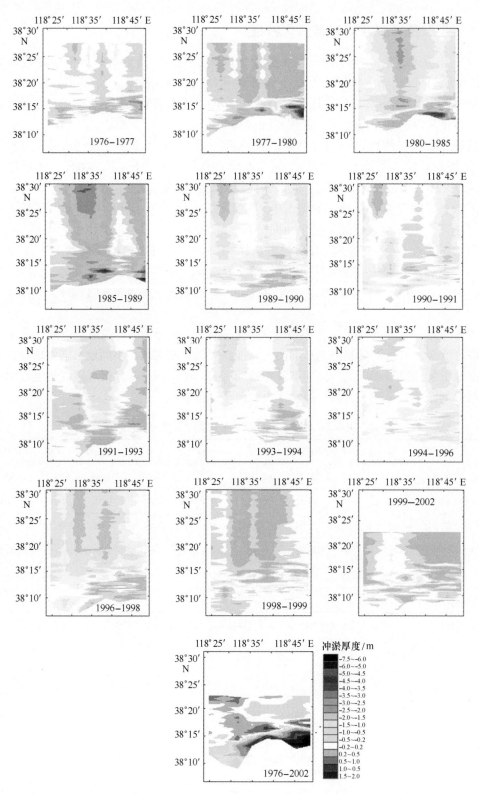

图 5.4   1976—2002 年岸滩冲淤分布（红色指示淤，蓝色指示冲）

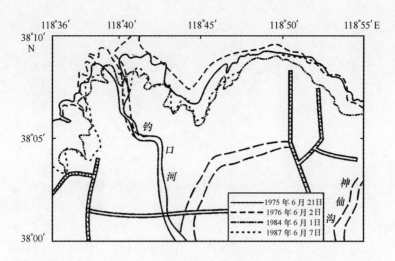

图 5.5　1975—1987 年钓口河亚三角洲岸滩变化图（曾庆华等，1999）

5.2.3　典型地形剖面形态变化特征

5.2.3.1　CS1 地形剖面形态特征

CS1 地形剖面位于钓口河流路摆动范围的最西端，多年地形剖面形态相对较稳定，整体外形保持平缓，基本保持上段微凸中段微凹形态，地形剖面平均斜率（坡度）为 0.52‰（2~14.3 m 水深范围）。1971—1976 年，地形剖面整体发生微弱淤涨，垂向上从浅水至深水，淤涨量呈波动增加的趋势（图 5.6），单宽淤积量为 2.3×10^4 m^3。1976 年后转为侵蚀，水深小于 6.0 m 的近岸范围，岸滩侵蚀强度不断刷新；6.0~13.0 m 水深范围，地形剖面冲淤交替波动变化，总体上变幅较小；水深大于 13.0 m 为淤积区，1976 年以后有大幅的淤涨，最大淤涨幅度可达 2.0 km。在 8.0 m 水深以深区域，1980 年地形剖面线为历年剖面侵蚀底限。整体上看，1980 年后 CS1 地形剖面冲淤调整过程较为稳定（图 5.7）。

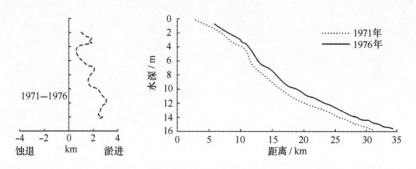

图 5.6　1971—1976 年 CS1 地形剖面变化及累计淤涨距长

通过 EOF 分解方法得到空间函数和时间函数（图 5.8 和表 5.3）。第 1 空间函数从 2.0 m 水深开始增加，大约在 6.0 m 水深处开始稳定在高值，同时在 4.0 m 左右水深为 CS1 地形剖

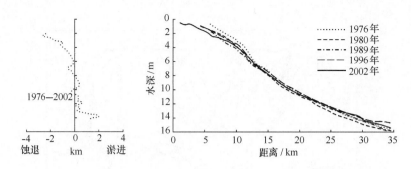

图 5.7 1976—2002 年 CS1 地形剖面变化及累计淤涨、蚀退距长

面坡度变化的转折点，第 1 空间函数表征了大于 4.0 m 水深地形剖面变化；而小于 4.0 m 水深近岸，主要由第 2 空间函数表征。第 1 和第 2 空间特征函数贡献率共占 91.4%，为 CS1 地形剖面的主要表征因素。从图 5.8 中清晰地看到第 1 空间函数对应的第 1 时间函数的波动范围较其他函数大得多，第 1 特征函数表示出地形剖面整体变化趋势，1976 年前地形剖面整体淤涨，淤涨量上段少下段多，1976 年后呈冲淤交替，略显淤涨的趋势。第 2 特征函数显示出小于 6.0 m 水深范围，地形剖面 1976 年至 1990 年呈持续蚀退状态。

表 5.3 CS1 地形剖面 EOF 特征函数计算值

	特征值	贡献率/%	累积贡献率/%
第 1 特征函数	18.59	74.3	74.3
第 2 特征函数	4.28	17.1	91.4
第 3 特征函数	0.83	3.3	94.7

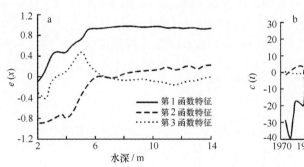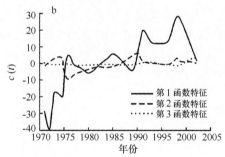

图 5.8 CS1 地形剖面 EOF 空间函数（a）和时间函数（b）

5.2.3.2 CS2 地形剖面形态特征

CS2 地形剖面仍然是二段式形态，从岸向海坡度由 0.42‰ 的缓坡平台转变为明显的下凹形形态，地形剖面 2.4 ~ 15.0 m 水深范围平均坡度为 0.58‰。1971—1976 年，地形剖面单宽淤积量为 2.22×10^4 m³，淤涨量沿深度分布中间大，两头小，8 ~ 12 m 水深范围淤涨量最大（图 5.9），与 CS1 地形剖面类似。1976 年开始侵蚀，岸滩最大蚀退量发生在

浅水区，2 m 水深附近累计后退近 4 km，浅水近岸区第一拐点水深随着侵蚀过程不断加大，同时缓坡平台的坡度也在逐渐增大。深水区 1980 年达到侵蚀底限，1976—2002 年大于 6 ~ 13 m 水深海床累计冲淤进退距离较小（图 5.10）。

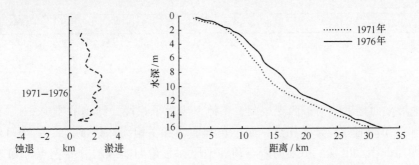

图 5.9　1971—1976 年 CS2 地形剖面变化及累计淤涨、蚀退距长

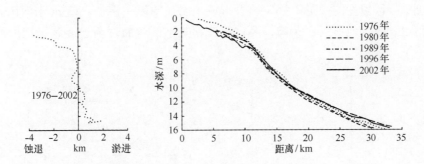

图 5.10　1976—2002 年 CS2 地形剖面变化及累计淤涨、蚀退距长

CS2 地形剖面 EOF 分解的时空函数（图 5.11 和表 5.4），贡献率占 76.7% 的第 1 特征函数整体上表征了地形剖面变化趋势。与 CS1 地形剖面类似，第 1 特征函数反映 5 m 水深以下岸滩和海床变化，1976 年之前淤涨，且 8 ~ 13 m 水深淤涨幅度较大，这与第一空间函数按水深分布一致。1976 年以后地形剖面冲淤交替，大于 10 m 水深区段有明显的淤涨；第 2 特征函数反映小于 5 m 水深近岸区域由 1976 年以前淤涨转变为之后冲刷的变化特征。

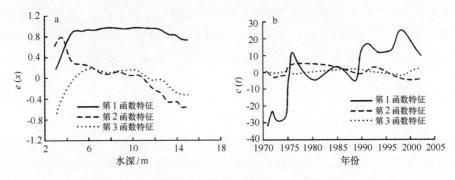

图 5.11　CS2 地形剖面 EOF 空间函数（a）和时间函数（b）

表 5.4　CS2 地形剖面 EOF 特征函数计算值

	特征值	贡献率/%	累积贡献率/%
第 1 特征函数	19.18	76.7	76.7
第 2 特征函数	3.43	13.7	90.4
第 3 特征函数	1.25	5.0	95.4

5.2.3.3　CS3 地形剖面形态特征

CS3 地形剖面接近钓河口西支尾闾，整体上出现了三段式结构的雏形，3 m 水深是三角洲平原和三角洲前缘的分界拐点，而三角洲前缘和平坦海床过渡区，在 1971 年地形剖面形态有明显的拐点出现。由陆向海三角洲平原和三角洲前缘的分界拐点称为第一拐点，三角洲前缘和平坦海床的分界拐点称为第二拐点。三角洲平原段宽广，有近 13 km，缓坡的坡度仅为 0.15‰；3～8 m 水深范围亚三角洲建设期岸滩淤涨量呈上段部大而下段部小，使得三角洲前缘段坡度陡增至 2.75‰，并形成了明显的第一拐点。12 m 水深附近是一个淤涨的高值区，整个地形剖面抬高，经过第二拐点下凹弯曲逐渐过渡到平坦的海床（图5.12）。

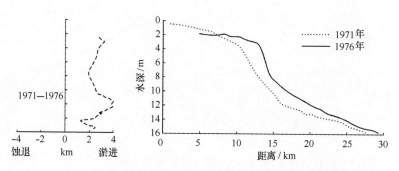

图 5.12　1971—1976 年 CS3 地形剖面变化及累计淤涨、蚀退距长

1976 年后地形剖面出现浅水蚀退深水淤涨现象（图 5.13），至 2002 年地形剖面蚀退变幅沿深度分布曲线较为规则，分为上下两部分。7 m 水深以浅的上部，蚀退量曲线近似一条斜线，沿水深增加逐渐降低，在 7 m 水深处转为净淤涨，并从 8 m 水深开始，地形剖面曲线净淤积点发生转折，沿深度淤涨量较为平均，说明在大于 8 m 水深区域的动力作用相当。侵蚀过程地形剖面形态表现为第一拐点的后退和刷深，三角洲平原段坡度不断增大，三角洲前缘段坡度不断减小，过渡弯曲段的曲率不断减小和抬升，海床地带上下波动相对稳定。

CS3 地形剖面的时空特征函数分解的结果（图 5.14 和表 5.5）与前两个剖面的结果类似。第 1 空间特征函数指数在大于 7 m 水深范围内保持高值，而小于 7 m 水深范围，第 2 空间函数指数绝对值占优势。第 2 特征函数指数正负转换深度与动力作用临界深度接近。第 1 时间特征函数，在 1976 年保持快速上升的趋势，1976 年之后在波动中较为缓慢地上升；第 2 时间函数波动幅度较小，在 1976 年以后除了 1990 年和 1999 年两次出现波动外保持上升趋势。可见，第 1 特征函数的变化，可以表征在 1976 年前水深大于 7 m 范围呈快速淤涨、1976年后略有淤涨的变化特征；第2特征函数的变化表明了1976年前水深小于7 m范围为淤涨、之后保持冲刷后退的变化特征。

表5.5   CS3地形剖面EOF特征函数计算值

	特征值	贡献率/%	累积贡献率/%
第1特征函数	17.63	67.8	67.8
第2特征函数	5.92	22.8	90.6
第3特征函数	1.57	6.0	96.6

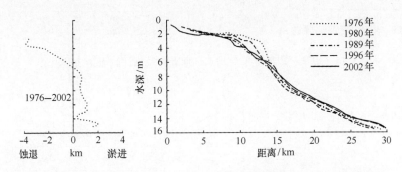

图5.13   1976—2002年CS3地形剖面变化及累计淤涨、蚀退距长

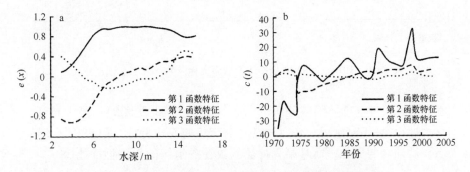

图5.14   CS3地形剖面EOF空间函数（a）和时间函数（b）

5.2.3.4   CS4地形剖面特征

1976年亚三角洲建设期末，CS4地形剖面除了出现第一拐点，三角洲前缘和海床间的过渡段的曲率增大，在10～11 m水深范围出现第二拐点。CS4地形剖面淤进和蚀退的幅度比CS1～CS3地形剖面都要大，2～16 m水深范围内，1976年以前的淤进量和之后的蚀退量最大值均发生在2 m水深（图5.15和图5.16），2 m水深向岸移动和离岸距分别达到6.75 km和8.05 km。淤涨幅度从近岸向海逐渐降低，小于8 m水深，随深度加大，淤涨量平滑下降；大于8 m水深，淤涨移动距长小幅波动保持在2～3 km范围内。1976—2002年累计蚀退量沿水深分布除了8.5～12.6 m水深范围内略有净淤涨，其余地形剖面均为净侵蚀，浅水蚀退量大。地形剖面第一拐点随着三角洲后缓坡平台坡度不断加大而逐步消失，而第二拐点正位于1979年以来净淤涨的水深地带，结果导致地形剖面整体"缓

—陡—缓"坡度特征逐步消失，至 2002 年地形剖面形态为微小波动直线，坡度为 0.57‰（图 5.16）。

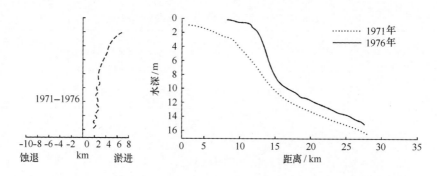

图 5.15　1971—1976 年 CS4 地形剖面变化及累计淤涨、蚀退距长

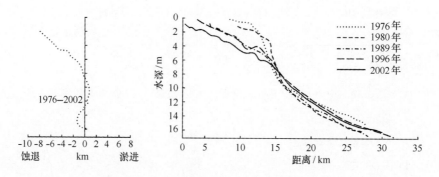

图 5.16　1976—2002 年 CS4 地形剖面变化及累计淤涨、蚀退距长

　　CS4 地形剖面的时空特征函数分解的结果（图 5.17 和表 5.6）：第 1 特征函数变化，主要表明深水区 1976 年前淤积和之后冲淤时空交替的变化特征。第 2 特征函数表明浅水近岸区先淤积后冲刷的变化，而且第 2 特征函数在深水区的作用程度比 CS1 ~ CS3 地形剖面大。

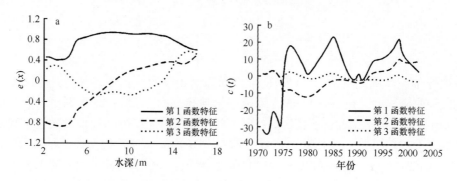

图 5.17　CS4 地形剖面 EOF 空间函数（a）和时间函数（b）

表 5.6　CS4 地形剖面 EOF 特征函数计算值

	特征值	贡献率/%	累积贡献率/%
第 1 特征函数	19.29	66.5	66.5
第 2 特征函数	6.624	22.8	89.4
第 3 特征函数	2.36	8.1	97.5

5.2.3.5　CS5 地形剖面特征

CS5 地形剖面位于钓口河主河道左侧，直接受黄河来水来沙影响，三角洲行水建设期，地形剖面淤涨幅度最显著。1971—1976 年间，2.2 ～ 14 m 水深范围内，单宽淤积量高达 3.731×10^4 m^3，自陆向海淤涨幅度近似线性减少，值得注意的是大于 14.8 m 水深范围，亚三角洲建设期间为净蚀退。至 1976 年时，三角洲前缘的坡度达到历史最大值为 3.63‰（图 5.18）。1976 年以后地形剖面发生蚀退，近岸浅水区成为蚀退量最大区域，而在 9 m 左右水深地带，地形剖面转变为净淤涨，11 m 水深以下再次转为净蚀退。9 ～ 14 m 水深范围正是 1976 年时地形剖面的第二拐点，为凹型曲率最大处，而拐点处的淤涨正反映出岸滩地形剖面的调整过程（图 5.19）。

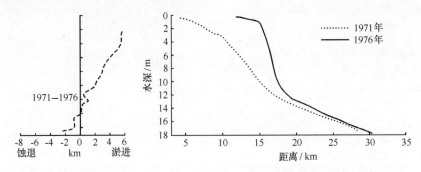

图 5.18　1971—1976 年 CS5 地形剖面变化及累计淤涨、蚀退距长

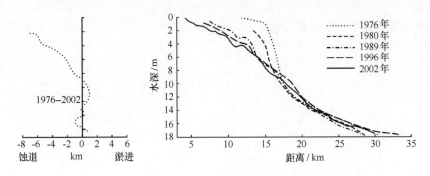

图 5.19　1976—2002 年 CS5 地形剖面变化及累计淤涨、蚀退距长

CS5 地形剖面的第 1 特征函数贡献率（图 5.20 和表 5.7）相对 CS1 ～ CS4 地形剖面来说较低，只有 46.4%，空间指数 $e(x)$ 超过 0.8 的部分减少，相对应的第 1 时间特征函数

的波动幅度也相应减小。1976 年之前浅水区域地形剖面呈小幅淤涨，1976 年之后呈淤进和蚀退相互交替变换的特征。第 2 特征函数贡献率加大，达到 41.7%。第 2 空间函数指数绝对值大于 0.8 的水深区扩大到 6 m 水深，时间函数的波动幅度明显增加。第 2 特征函数表明水深小于 8 m 区域，1976 年之前明显淤涨、之后蚀退亦十分显著的特征。

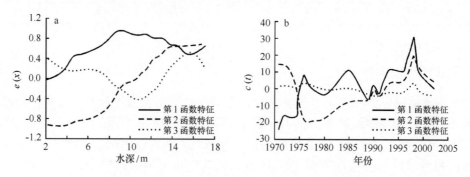

图 5.20　CS5 地形剖面 EOF 空间函数（a）和时间函数（b）

表 5.7　CS5 地形剖面 EOF 特征函数计算值

	特征值	贡献率/%	累积贡献率/%
第 1 特征函数	13.93	46.4	46.4
第 2 特征函数	12.50	41.7	88.1
第 3 特征函数	2.66	8.9	97.0

5.2.3.6　CS6 地形剖面特征

CS6 地形剖面位于钓口河主河道右侧，钓口河行水期，形成的亚三角洲沉积体明显，淤涨垂线分布呈现指数曲线形态（凸形），淤涨临界深度位于 13.7 m 左右，13.7 m 深度以下地形剖面较为稳定。CS6 地形剖面的三角洲前缘坡度与 CS5 地形剖面类似，最大值达到 3.75‰。CS6 剖面的第二拐点地形剖面更加显著，反"S"字形的形态特征明显（图 5.21 和图 5.22）。

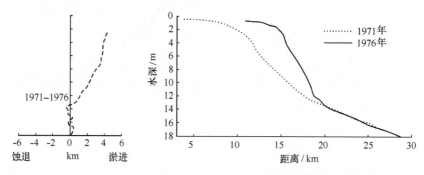

图 5.21　1971—1976 年 CS6 地形剖面变化及累计淤涨、蚀退距长

1976—2002 年为侵蚀期，累计净蚀退曲线呈现小"阶梯状"，3 m、7 m 和 10 m 左右水深分别为 3 个阶梯的突变点（图 5.22 左图）。10～12 m 水深范围，26 年净冲淤变化几乎接近于零，深水区略有蚀退，累计冲淤变化幅度距长未超过 1 km。

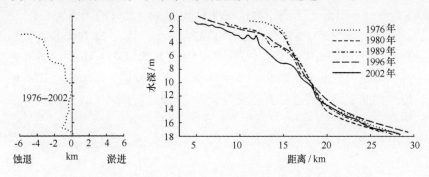

图 5.22　1976—2002 年 CS6 地形剖面变化及累计淤涨、蚀退距长

CS6 地形剖面的 EOF 时空特征函数有较大的变化（图 5.23 和表 5.8），前两个特征函数足够描述地形剖面的塑造过程，其累计贡献率达到 87.4%，其中，第 1 空间特征函数指数 $e(x)$ 主体数值变为负值，在 13.5 m 左右转变为正值，相应第 1 时间函数曲线变为先下降后上升的变化过程，第 1 特征函数变化，表明了水深小于 12 m 范围的地形剖面变化特征，经历了 1976 年前淤涨和之后蚀退的变化，而且淤进和蚀退幅度均为由浅至深水逐渐减小的特点。第 2 特征函数在深水区占有控制地位，并表明冲淤变化不明显。

表 5.8　CS6 地形剖面 EOF 特征函数计算值

	特征值	贡献率/%	累积贡献率/%
第 1 特征函数	16.15	50.5	50.5
第 2 特征函数	11.81	36.9	87.4
第 3 特征函数	2.64	8.3	95.7

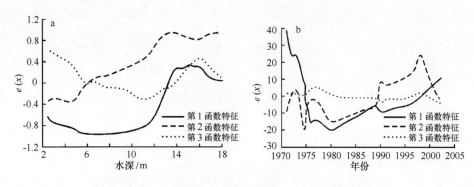

图 5.23　CS6 地形剖面 EOF 空间函数（a）和时间函数（b）

5.2.3.7 CS7 地形剖面特征

CS7 地形剖面位于黄河三角洲东北部突出的岬角附近，在亚三角洲建设期，CS7 地形剖面与 CS1~CS6 的 6 个地形剖面相比，淤涨量较少，最大值的淤涨距长仅为 3.14 km，发生在 6.7 m 水深（图 5.24），淤涨曲线中部大两头小，且在 12.6 m 水深以下海床地形剖面为净冲刷，1971—1976 年的 5 年中累计蚀退距长最大可达 2 km，相当可观。1976 年地形剖面前缘斜坡最大坡度出现在 9~12 m 水深，坡度高达 5.13‰，范围有限，第一拐点不明显，地形剖面在第二拐点之上呈现为一个上凸形。

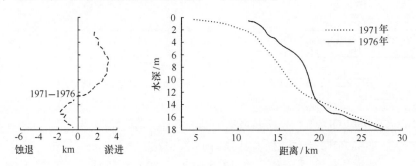

图 5.24　1971—1976 年 CS7 地形剖面变化及累计淤涨、蚀退距长

CS7 地形剖面蚀退曲线特征与淤涨曲线类似（图 5.25），中部蚀退量最大，与淤涨量最大的水深范围一致。14 m 水深左右剖面较稳定，其上部和下部地形剖面均发生后退，2002 年剖面已基本后退至 1971 年地形剖面线向陆一侧。3~15 m 水深范围地形剖面平均坡度，从 1976 年的 1.67‰ 下降到 1.13‰。从图 5.25 中可以非常清晰地看到，地形剖面在后退过程中，同样在 12~14 m 水深范围是一个节点，这一深度是地形剖面空间上侵蚀和淤涨转换临界点。

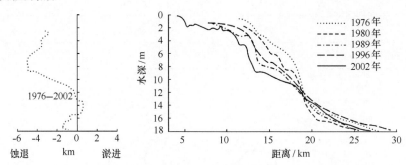

图 5.25　1971—2002 年 CS7 地形剖面变化及累计淤涨、蚀退距长

CS7 地形剖面第 1 特征函数特征与 CS6 地形剖面第 1 特征函数相似，表明在水深小于 12 m 范围 1976 年前呈大幅淤进，之后表现为大幅蚀退过程。第 2 特征函数指数在研究范围内全部为正值，说明第 2 控制因素对地形剖面的影响在研究范围内是一致的，第二特征函数表明的深水区总体上为蚀退特征（图 5.26 和表 5.9）。

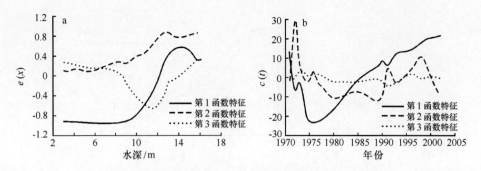

图 5.26　CS7 地形剖面 EOF 空间函数（a）和时间函数（b）

表 5.9　CS7 地形剖面 EOF 特征函数计算值

	特征值	贡献率/%	累积贡献率/%
第 1 特征函数	16. 51	51. 6	51. 6
第 2 特征函数	10. 62	33. 2	84. 8
第 3 特征函数	3. 27	10. 2	95. 0

5.2.3.8　CS8 地形剖面特征

　　CS8 地形剖面位于研究区域的最东端，亚三角洲建设期地形剖面淤涨范围局限于 3.5～12 m 水深，沿水深增大至 10 m 水深其淤涨量缓慢增加，淤涨幅度有限，最大淤涨发生在 10 m 水深处，且淤涨幅度距长不超过 2 km，而 10 m 以深淤涨量逐步下降，在 12.6 m 转变为侵蚀。1976 年地形剖面最大坡度出现在第二拐点上部 10～14 m 水深范围，坡度为 4.44‰。与 CS7 地形剖面类似，地形剖面第一拐点不明显，三角洲平原和前缘斜坡组成平滑的上凸形（图 5.27）。

　　CS8 地形剖面蚀退强度最大，蚀退幅度距长累计超过 5 km，在水深 4～10 m 形成一个高蚀退量平台，10 m 水深以深蚀退量发生陡降，直至 13.3 m 地形剖面变化转变为净淤涨。淤涨期上淤下冲的转换深度与侵蚀过程中上冲下淤的转换深度非常接近（图 5.28）。

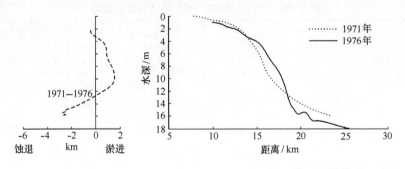

图 5.27　1971—1976 年 CS8 地形剖面变化及累计淤涨、蚀退距长

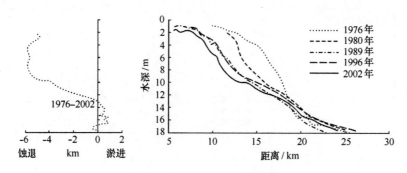

图 5.28　1976—2002 年 CS8 地形剖面变化及累计淤涨、蚀退距长

EOF 分解的结果（图 5.29 和表 5.10），空间函数同样出现高值平台。小于 10 m 水深，空间函数指数几乎为一直线；大于 10 m 水深，两个空间函数值同时发生突变，第 1 空间函数数值变小，第 2 空间函数数值增大。第 1 时间特征函数，在 1976 年前的 1973—1975 年期间存在一个较稳定的平台，直至 1975 年开始发生快速上升，1980—1985 年时间函数同样存在一个水平线。可见，第 1 特征函数变化，表明了水深小于 13 m 水域 1976 年之前为淤积特征，之后呈大幅蚀退的变化特征；第 2 特征函数变化，表明 1976 年之前水深大于 13 m 水域为蚀退特征，之后略有淤涨的特征。

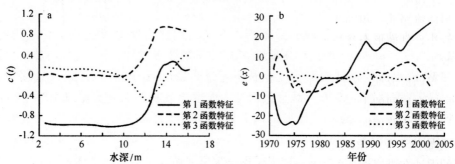

图 5.29　CS8 地形剖面 EOF 空间函数（a）和时间函数（b）

表 5.10　CS8 地形剖面 EOF 特征函数计算值

	特征值	贡献率/%	累积贡献率/%
第 1 特征函数	19.25	68.7	68.7
第 2 特征函数	6.64	23.7	92.5
第 3 特征函数	1.46	5.2	97.7

5.2.4　地形剖面形态分类

根据地形剖面形态、塑造及其空间位置变化等特征，以单宽侵蚀量和 F 指数变化率作为分类依据，利用有序聚类方法对地形剖面进行分类。有序聚类计算方法如下。

有序样本的最优分割点 τ 要满足下式：

$$S_n^* = \min_{1 \leqslant \tau \leqslant n-1} \{S_n(\tau)\} \tag{5.2}$$

式中，

$$S_n(\tau) = V_\tau + V_{n-\tau}$$

$$V_\tau = \sum_{t=1}^{\tau} (x_t - \bar{x}_\tau)^2, V_{n-\tau} = \sum_{t=\tau+1}^{n} (x_t - \bar{x}_{n-\tau})^2$$

$$\bar{x}_\tau = \frac{1}{\tau} \sum_{t=1}^{\tau} x_t, \bar{x}_{n-\tau} = \frac{1}{n-\tau} \sum_{n-\tau}^{\tau} x_t$$

V_τ 是分割点前样本的离差平方和，$V_{n-\tau}$ 是分割点后样本的离差平方和。可将岸滩地形剖面分为 3 种类型，其中，CS1、CS2 和 CS3 地形剖面，在亚三角洲建设期的淤涨和侵蚀期蚀退幅度都较小，单宽净侵蚀量均在 2 500 m³ 以下，为动态平衡型；CS4、CS5 和 CS6 三条地形剖面，在亚三角洲建设期剖面形态变化巨大，侵蚀期蚀退量较为可观，单宽净侵蚀量都在 1.67×10^4 m³ 左右，为强淤弱侵型；CS7 和 CS8 两条地形剖面，在 1976 年之前地形剖面局部发生淤积或侵蚀，1976—2002 年单宽净侵蚀量在 3.0×10^4 m³ 以上，为弱淤强蚀型。

5.2.4.1　动态平衡型地形剖面形态特征

钓口河流路亚三角洲北部海岸岸滩属于动态平衡类型。该岸滩直接受钓口河行水期来沙影响较小，剖面形态参数 A、F 有所增大，说明地形剖面整体淤涨，相对其他地形剖面淤涨量较小。

亚三角洲形成期，在地形剖面上表现为淤涨量随水深增大而增大（图 5.30）。一是与此类岸段入海尾闾的走向有关，钓口河左侧流路仅是主流路的分支，而当时主流路河嘴向海突出，分叉流路偏向 300°左右的角度入海，近岸成为洼地，直接进入沙量较小。二是 1973 年开始位于亚三角洲南端的岸滩（CS6～CS8 地形剖面）深水区已经出现侵蚀现象，被侵蚀的泥沙在沿岸潮流的作用下向北扩散至该海域沉积，导致离岸距离远的海床较浅水区淤积量大。此外，浅水区被风浪掀起的泥沙，尔后在深水区沉积也是该海域动力沉积的特点。

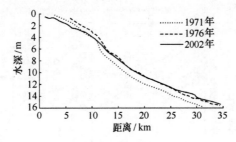

图 5.30　CS1 地形剖面变化

1976 年亚三角洲建设末期岸滩地形剖面形态，第一拐点存在但不明显，而第二拐点几乎不存在。由堤岸向海方向，首先是坡度平缓的近岸平台，经过第一拐点后，地形剖面以三角洲前缘过渡为下凹形至平坦海床。坡度最大的前缘斜坡段范围最小，1976 年仅在

4.0~8.0 m 深度范围（图5.31和图5.32）。

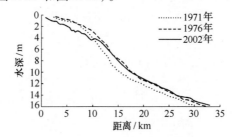

图5.31　CS2地形剖面变化

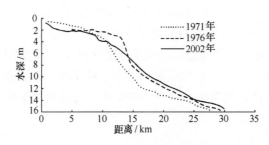

图5.32　CS3地形剖面变化

　　1976年亚三角洲废弃后，地形剖面形态参数 A 在亚三角洲废弃后的初期略有下降，尔后恢复增大，整体呈微增长的特征；参数 F 则明显下降（图5.33），说明亚三角洲废弃后，这一岸段地形剖面发生上冲下淤，冲刷集中在浅水区，深水区海床有所淤涨。整个海床坡度较缓，水深较浅。自1971年以来坡度一直保持在1‰以下，特别是CS1地形剖面，2002年坡度仅有0.5‰。侵蚀强度出现近岸强、离岸弱的格局。其中，在2.0~4.0 m 水深范围内地形剖面后退幅度最大，也就是地形剖面第一拐点处蚀退最为明显，而深水区还略有淤涨。至2002年，第一拐点蚀退至前缘斜坡单元基本消失，地形剖面前缘坡度高达3.4‰左右，在4.0 m 水深左右直接过渡到微凹形延伸至海床。

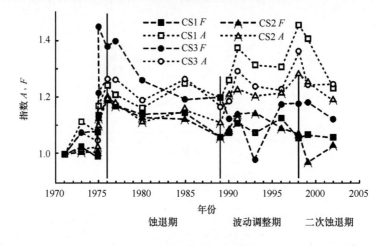

图5.33　动态平衡型地形剖面指数 A、F 变化过程

动态平衡类型岸滩地形剖面 EOF 时空分解结果表明，CS1、CS2 和 CS3 地形剖面的第 1 特征函数的贡献率较高，占 67.8% 以上。由堤岸向海，空间函数 $e(x)$ 值不断增大，在水深 6.0 m 处指数基本上大于 0.9，并保持稳定。而时间函数，在 1975—1976 年间发生陡升，说明这一岸段淤涨期集中在 1975—1976 年间，与当时行水流路和冲淤分布相对应。1976 年后，时间函数 $c(t)$ 经历了废弃初期的下降后在剧烈波动中呈现缓慢的上升趋势，说明动态平衡型地形剖面在经历了废弃初期的侵蚀后，地形剖面整体还略有淤涨。第 2 特征函数主要体现浅水区的变化特征，同样经历了 1975—1976 年的快速淤涨后，近岸浅水区保持着微弱的蚀退直至 1990 年前后，尔后转变为冲淤微型波动过程。

5.2.4.2 强淤弱蚀型地形剖面特征

CS4～CS6 地形剖面代表钓口河主流路入海口岸滩冲淤过程，其中，CS5 地形剖面位于河口主流路地带，因此，该岸滩淤涨幅度最大，这类地形剖面形态参数 A 大幅度增大，1971—1976 年增大约 40%，3 条地形剖面单宽淤涨量都在 3.0×10^4 m^3 以上；形态参数 F 增幅更大，说明淤涨带位于浅水区，淤涨量沿横向分布表现为浅水大深水小。

1976 年亚三角洲建设末期的地形剖面形态，基本具备了典型的三角洲三段式结构地形剖面。近岸缓坡和三角洲前缘过渡的第一拐点，三角洲前缘和平坦海床过渡的第二拐点都相当明显（图 5.34 – 5.36）。丰富泥沙供给塑造三角洲前缘斜坡，CS5 地形剖面的前缘坡度高达 3.6‰，是所有地形剖面中坡度最陡的。

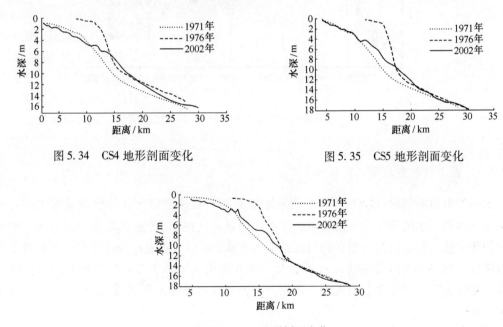

图 5.34　CS4 地形剖面变化　　　　　　图 5.35　CS5 地形剖面变化

图 5.36　CS6 地形剖面变化

1976 年以后，在失去黄河来沙条件下，原本突出的河口嘴发生显著的蚀退。地形剖面形态参数 A，1976—1989 年明显减小，1989—1998 年略有增大，1998 年后再次减小，这一变化说明失去黄河泥沙补给后的 1976—1989 年岸滩发生明显冲刷后退，尔后有所淤涨，1998 年后再次发生冲刷。形态参数 F 减小的速率更快（图 5.37），说明冲刷主要集中在浅水区。地形剖面整体蚀退强度与 CS7、CS8 相比要弱得多，因此称之为强淤弱蚀型。

统计 1976—2002 年累计侵蚀量，CS4 地形剖面 2.0 m 水深蚀退距长达到 8.1 km，随水深加深蚀退量逐渐降低，地形剖面变化有明显的上冲下淤特征，第一拐点不断蚀低后退，至 20 世纪 90 年代，第一拐点变得不明显，第二拐点则发生淤积，地形剖面整体形态趋于一条直线。与第一类地形剖面相同，至 2002 年前缘斜坡单元并未蚀退到 1971 年位置。

强淤弱蚀型岸滩地形剖面 EOF 时空分解结果表明：这一类型地形剖面是飞雁滩海岸东侧弱淤强蚀和西侧动态平衡的过渡区段，第一特征空间函数 $e(x)$ 主体由 CS4、CS5 剖面的正值转变为 CS6 的负值，第一特征函数 $e(x) \times c(t)$ 由表明深水区变化转变为浅水区变化，说明这一类型地形剖面浅水区强淤—弱蚀变化特征突出。第 2 特征函数贡献率比其他地形剖面高得多，表明深水区淤积—冲淤互现的变化特征。

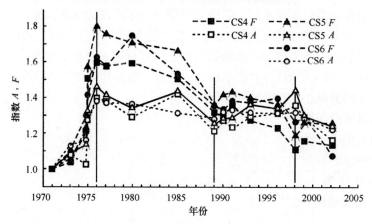

图 5.37　强淤弱蚀型地形剖面指数 A、F 变化过程

5.2.4.3　弱淤强蚀型地形剖面特征

这一类型地形剖面（CS7 和 CS8 两条地形剖面）位于钓口河亚三角洲最东端，靠近黄河大三角洲突出的岬角，波浪幅聚，波浪作用强，且在 M_2 分潮无潮点高流速区，水动力作用非常强。钓口河行水期，钓口流路带来丰富的泥沙，在近岸发生淤涨，促使近岸滩向海推展，地形剖面形态参数 A 有所增大，1976 年增大至 1.3 左右，参数 F 的增长率小于 A，说明地形剖面变化上表现为上段淤下部冲，其累计冲淤转换深度为 12～13 m 水深（图 5.38）。

1976 年，地形剖面没有发育成典型的三角洲三段式结构，地形剖面第一拐点不存在，第二拐点相对明显。虽然三角洲前缘坡度极值区范围有限，但是由于三角洲前缘带宽广，平坦海床起始水深大，这一类型地形剖面的平均坡度最大（3.0～15.0 m 水深），1976 年 CS7 和 CS8 地形剖面坡度分别达到 1.67‰和 2.06‰（图 5.39）。

在 1976 年黄河改道后失去充足泥沙补给的条件下，岸滩的蚀退速度大大增强。地形

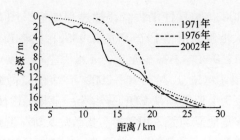

图 5.38　CS7 地形剖面变化

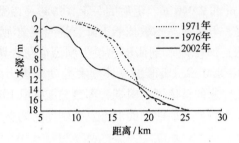

图 5.39　CS8 地形剖面变化

剖面形态参数 A 明显减小，参数 F 减幅略大于 A（图 5.40），强侵蚀地形剖面表现在 20 多年来累计蚀退量沿深度横向分布曲线呈 "汤勺状"（图 5.41）；最大蚀退距离虽不及第二类地形剖面，但 3～15 m 水深范围累计单宽蚀退量为最大。1976—2002 年 CS7 和 CS8 地形剖面累计净蚀退量分别为 3.016×10^4 m³ 和 4.528×10^4 m³，是强淤弱侵型的 2～3 倍。1976—2002 年可分为 3 个大时段（图 5.40、表 5.11）：1976—1989 年快速侵蚀期，1989—1996 年为波动调整期，1996—2002 年二次侵蚀期。

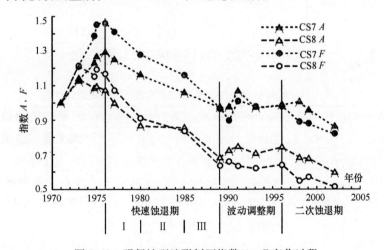

图 5.40　强侵蚀型地形剖面指数 A、F 变化过程

　　1976—1989 年亚三角洲废弃最初的前 4 年（1976—1980 年），是岸滩侵蚀后退量最大和速度最快的时期。1980 年地形剖面已经蚀退至 1971 年的地形剖面线内侧，即 1971—

1976 年间塑造的三角洲沉积体被侵蚀消失。侵蚀过程使近岸浅滩部分不断缩小，前缘斜坡段仍保持 1.85‰ 的较大坡度，但较 1976 年的 2.93‰ 相比略有变缓。地形剖面第二拐点水深变浅，由 1976 年的 14.0 m 左右减少至 9.5 m 水深左右。以 CS8 为例，1976—1989 年期间侵蚀量高达 3.746×10^4 m³，占 1976—2002 年总净侵蚀量（4.528×10^4 m³）的 82.7%。这一时段又分为 3 个亚期。从 EOF 分解第一亚期，1976—1980 年是三角洲废弃后经历的快速侵蚀期，单宽地形剖面体积和形态指数均大幅下降，年均单宽地形剖面蚀退量 CS7 和 CS8 分别达 2 340 m³/a 和 5 040 m³/a，形态指数 A 和 F 分别由 1976 年的 1.46 和 1.16 下降到 1.28 和 0.91（图 5.40），两个地形剖面最大冲刷水深分别为 5.8 m 和 6.2 m，蚀退距长分别达到 1 800 m 和 2 940 m。随后的 5 年（1980—1985 年）是第二亚期，地形剖面的单宽体积变化变缓，但是形态指数依然下降，说明横向泥沙交换频繁，虽整体没有发生明显净蚀退和净淤涨，但使地形剖面形态发生剧烈变化，地形剖面变化呈现上冲下淤，冲淤转换深度在 7.0~8.0 m，地形剖面坡度大幅度变缓，由 1.60‰ 下降到 1.18‰。而后地形剖面再次进入了快速的整体蚀退时期，即第三亚期（1986—1989 年），蚀退量达到 5 134 m³/a，泥沙扩散强度大，地形剖面形态发生剧烈的调整。

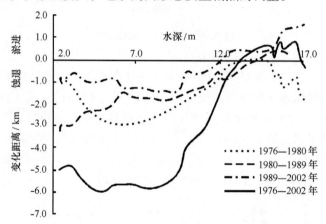

图 5.41 CS8 地形剖面不同时期蚀退、淤进变化

表 5.11 地形剖面各时段典型深度蚀退、淤涨距长统计　　　　单位：m

水深	1976—1980 年		1980—1989 年		1989—1996 年		1996—2002 年	
	总距长	平均距长	总距长	平均距长	总距长	平均距长	总距长	平均距长
2.5	−910	−228	−3 130	−348	−430	−54	−500	−83
5	−2 740	−685	−2 280	−253	−500	−53	−460	−77
10	−1 920	−480	−2 070	−230	−40	−5	−450	−75
13	−90	−23	−590	−66	1 200	150	−730	−122
16	−1 200	−300	340	38	2 510	314	−1 080	−180

1989—1996 年为地形剖面动态调整阶段，地形剖面单宽体积波动变化，形态指数较为稳定，多年地形剖面形态较为相近。8 年间累计蚀退距长最大值不超过 1 200 m，10.1 m 水深为这一阶段的冲淤转换深度，这一时期深水区淤涨量相当可观，11.7 m 水深

以下海床淤涨宽度在 1 200 m 以上，17 m 深处淤涨宽度超过 3 000 m。上冲下淤的变化使地形剖面坡度继续变缓，由 1989 年的 1.16‰ 下降到 0.92‰。

1996—2002 年间，地形剖面再次转为全面侵蚀状态，2002 年单宽地形剖面体积和形态指数均创下历史最低点。与第一阶段侵蚀不同的是深水区的蚀退量大于浅水区，蚀退量最大值出现在深水海床，因此地形剖面的坡度略有增大。

弱淤强蚀型岸滩地形剖面 EOF 时空分解结果表明：1976 年以前时间函数 $c(t)$ 由减小转为稳定趋势，在水深小于 13.0 m 范围（即 $e(x) < 0$）地形剖面淤涨，而深水区侵蚀。CS7 地形剖面靠近钓口主流路，1975 年时间函数 $c(t)$ 开始平缓，比 1973 年已经平缓的 CS8 地形剖面相对时间晚 2 年，说明靠近河口的地形剖面淤涨期更长；第 2 特征函数，主要是表征了深水区（CS7 剖面大于 9.0 m 水深，CS8 剖面大于 10.0 m 水深）地形剖面的变化，其中，1971—1976 年 $e(x) \times c(t)$ 值减小，表明海床发生侵蚀。在该岸段多种动力的叠加作用下，该岸滩在钓口河行水期浅滩和海床冲淤变化较为复杂。1976 年后 CS7 和 CS8 地形剖面第 1 特征函数贡献率分别占 51.6% 和 68.7%，其中，第一时间特征函数 $c(t)$ 保持上升趋势，相应的第一空间函数 $e(x) < 0$ 的范围为侵蚀，$e(x) > 0$ 的范围为淤涨，即小于 12.0 m 水深范围侵蚀，大于 12.0 m 水深范围为淤涨是此类地形剖面变化的基本特征。第 2 空间函数在深水区指数相对较大，且为正值，因此第 2 时间函数 $c(t)$ 增大时地形剖面深水淤涨，$c(t)$ 减小地形剖面侵蚀。

5.3 亚三角洲岸滩侵蚀的影响因素

5.3.1 河流来沙因素

河流直接来沙和海岸海床侵蚀导致泥沙输运是三角洲发育及变化的物质基础，而黄河来沙量是影响三角洲演变的最根本因素（孙效功和杨作升，1995）。以往许多学者对黄河输沙量和黄河三角洲淤涨速率建立关系，得到黄河三角洲整体冲淤平衡的黄河来沙量的临界值。刘曙光等（2001）利用遥感图像数据和利津站水沙资料，得出黄河三角洲冲淤平衡的来沙量（2.45×10^8 t/a）；李泽刚（2001）得出冲淤平衡临界值与来沙量的定量关系值（4.68×10^8 t/a）；许炯心（2002）探讨了黄河口海岸线演变与黄河来水来沙条件之间的关系，认为三角洲造陆处于临界平衡状态有一个来沙定量值（2.78×10^8 t/a）和来水量值（76.7×10^8 m³/a）。尽管不同学者从不同角度描述三角洲冲或淤与流域来水来沙的临界值差异较大，但首先可以肯定的是近 20 余年来黄河流域来沙出现锐减，从图 1.8 看，1950—1970 年黄河年均来沙量在 12.0×10^8 t 左右，至 1986—2010 年间年输沙量下降到 2.5×10^8 t 的均值线作上下波动，来沙量的大幅度的锐减，必然使三角洲整体上转为冲刷蚀退过程。从黄河三角洲发育的历史过程看，实际上黄河三角洲淤涨范围主要集中在行水河口及临近的有限水域，远离入海口的三角洲沿岸因缺少足够的供沙量，则处于侵蚀状态。1976 年黄河入海尾闾改道清水沟流路入海，钓口河亚三角洲岸滩失去黄河来沙的直接补给，而清水沟入海泥沙扩散作用范围有限，其影响北界不超过黄河海港（李东风等，1998；李福林等，2000），清水沟流路输沙在飞雁滩沉积通量不足 1 mm/a（李国胜等，2005）。钓口河亚三角洲岸滩在 1976 年后失去黄河来沙补给，缺少三角洲发育的物质基础，成为废弃亚三角洲岸滩进入侵蚀状态的最根本的原因。可以说黄河河口流路频繁改造导致废弃亚三角洲来沙不足，成为废弃亚三角洲蚀退的主要影响因素。

5.3.2 地形因素

众所周知，黄河三角洲由近 10 个因不同时期入海流路泥沙堆积的亚三角洲叠加而成，而不同时期入海流路行水时段、流域来水来沙量和入海口地形等因素的差异性，其发育而成的亚三角洲的堆积范围和向海延伸距离差异更大，使得三角洲海岸线呈现凹凸波动的形态（附图 1-2）。钓口河行水期间，河口沙嘴明显向外突出，沙嘴两侧向内凹进（图5.42），并且由于钓口河流路摆动大，其入海尾闾多，此海岸段形成的海岸线出现小波动。而海岸的演变始终向着夷平方向发展，凹凸海岸其凸出部位因波浪折射，波能辐聚，钓口河亚三角洲海岸容易遭受波浪的冲刷，一般侵蚀速度较凹部快，海岸逐渐被蚀退夷平。同时，海岸或海床凸出的部位在平行于岸线或海床面涨、落潮流作用下极易受到侵蚀。据潮流椭率 K 的计算表明，K 值均小于 0.1，钓口河亚三角洲海岸水域涨、落潮流往复性强，而且基本呈平行于海岸方向流动，平行海岸的水流作用于河口行水期间形成的波状型凹凸海岸线地形，波状地形将水流发生分离和汇流，借助钱宁和万兆惠（1983）对波状河床地形的水流分离和汇流作用引起地形冲淤变化原理（图5.43），同样，可以认为近岸水域因凹凸型波状地形海岸也容易使水流自凸顶向凹岸流动时产生分离，而在水流自凹岸向凸岸流动时又产生汇流流态，正是这种波状地形引起流态频繁改变而又导致海岸侵蚀，使强侵蚀型海岸的原始地形受到强烈侵蚀，而往复的涨、落潮流经波状地形侵蚀效应呈双向作用，更加快了海岸的侵蚀和夷平。

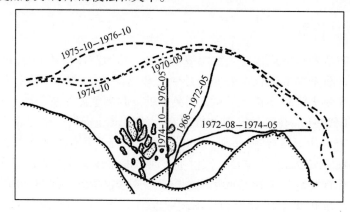

图5.42 黄河钓口河流路河嘴形态变化（李泽刚，1987）

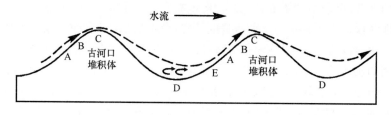

图5.43 平行海岸的水流流经波状地形示意图（钱宁和万兆惠，1983）

5.3.3　动力因素变化

黄河三角洲北部海域潮汐系统主要受其东部的 M_2 无潮点控制，附近水域潮能主要呈现在水平方向，形成大流速区。实测表层最大流速达 1.20 m/s，底层（离底 0.5 m）最大流速为 0.40 ~ 0.60 m/s，大流速区主要分布在海岸坡脚之内 5.0 ~ 15.0 m 水深（臧启运，1998）。这一水深正是剖面蚀退幅度最大的范围，高流速区有利于将三角洲沉积体的沉积物起动、输移，向外海扩散。从实测悬沙垂线平均含沙量随时间过程线看（图4.1），高含沙量首先出现在底层，然后高含沙量水体向上层扩散，含沙量等值线是随着时间呈现与潮流速周期性变化一致，在中上层水体中出现较高含沙量是当地泥沙再悬浮的结果，而非黄河口来沙漂移所致。可以说，该水域的水动力条件能够将岸滩沉积物起动，将泥沙搬运输移，使得岸滩发生侵蚀。随着行水入海口的改道和岸滩地形的不断变化，近岸潮流流速呈现减小的趋势（郝琰等，2000），水动力在废弃初期最大，尔后逐渐减小，水动力随时间的减弱对岸滩侵蚀的作用同样有所减小。

波浪向岸传播过程中受岸滩地形底摩擦作用显著。地形坡度越小，波浪从一定水深向岸传播所经的路程越长，相应地形的底摩擦耗能更加显著，波高衰减更快。由于侵蚀作用，地形剖面坡度自1976年以来不断变缓，因此2002年地形计算的波浪底摩阻流速绝大部分比1976年的小，且破波水深亦逐渐减小，摩阻流速峰值向近岸移动。由于钓口河亚三角洲岸滩坡度东陡西缓，在同样水深同等波浪条件下，亚三角洲东侧波浪底摩阻流速比西侧要大得多。同时，因为受无潮点控制，潮流流速从东向西逐渐减小，因此水动力强度出现东强西弱。这些因素是 CS1 ~ CS8 八条地形剖面空间冲淤变化差异巨大的主要原因之一。

EOF 时空分解结果第1特征函数反映了剖面整体变化的趋势及不同主导动力因素。8 条剖面时空分解的结果特征并不完全相同，在 CS1 ~ CS5 地形剖面第1空间特征函数表明深水区变化特征，潮流作用为地形剖面变化的主导动力因素；CS6 ~ CS8 地形剖面第1特征函数表明浅水区变化特征，波浪作用为地形剖面塑造主导动力因素。

20 世纪 90 年代地形剖面在 10.0 m 以深区域出现大幅度淤积，是因为在1992年和1997年黄河三角洲经历了两次风暴潮。风暴潮发生时，在增水的高能水动力条件下，低潮位以上的浅滩物质被侵蚀搬运至深水处沉积，使岸滩附近的深水区快速淤积，此类现象在长江河口边滩常有发生（李九发，1990）。快速堆积的风暴潮沉积地形剖面在未来时间里受到调整作用。沉积物变化可能触发岸滩变化，1996年后地形剖面再次进入快速侵蚀期。

黄河三角洲北部废弃初期强侵蚀期和风暴潮后侵蚀期，地形剖面整体后退，不存在闭合深度；其他时段，以闭合深度为界的上冲下淤是地形剖面变化的主要特征，随着水动力作用的减弱，闭合深度值亦从 14.1 m 减小到 10 m 左右水深。其他地区海岸地形剖面存在同样现象，例如杭州湾北岸地形剖面，在蚀退过程中同样存在 9 m 左右的闭合深度（李恒鹏，2001；向为华等，2003）。侵蚀岸段地形剖面的闭合深度由于空间动力分布差异而不同（Ying et al.，2005）。由此可知，在水动力作用远大于沉积物抗冲性时，地形剖面表现为全面后退，不存在闭合深度；若水动力作用与沉积物抗冲强度相当，则出现闭合深度，且相对水动力作用越强闭合深度越深。

5.3.4 沉积物因素

5.3.4.1 废弃初期弱抗冲性

黄河来沙量大，在三角洲呈现快速淤涨堆积，形成松散的沉积层，废弃后没有新沉积物覆盖，埋深 1.0 m 以浅的沉积物干容重不超过 0.908 g/cm³（师长兴等，2003b），松散沉积物抗冲性极差，临界起动摩阻流速仅在 1.47 cm/s 以下，在一般潮流作用下就能够起动搬运。因此，钓口河亚三角洲废弃初期，岸滩失去黄河泥沙补给，立刻进入强烈侵蚀状态，地形剖面整体发生后退，其中最初期的 4 年中侵蚀速度最快，最大蚀退深度6.2 m，蚀退距长年均735 m。

5.3.4.2 沉积物抗冲性增强

随着浅层松散沉积物被水流冲蚀后，一方面沉积物的筛选作用使岸滩表层沉积物逐渐粗化，导致起动流速增大；另一方面沉积物压实度随深度增加而逐渐增高，抗冲性较废弃初期的表层沉积物大得多，柱状样冲刷试验得到的 3.0～7.0 m 深度层沉积物的临界起动摩阻流速在 3.7 cm/s 左右，此数值与该水深 2004 年实测表层沉积物的临界起动摩阻流速相当。而 2004 年实测潮流摩阻流速小于表层沉积物临界起动摩阻流速（图 5.44），推断只有在波流共同作用下地形剖面发生蚀退，由波浪掀起泥沙，而潮流起着输运扩散泥沙的作用。由此可知，随着沉积物抗冲性增强，侵蚀动力由潮流转变为波流共同作用，岸滩地形剖面蚀退速度从废弃初期的高速逐渐减慢。

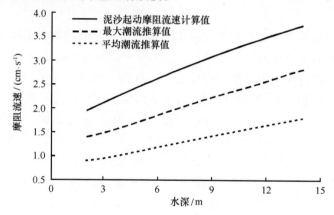

图 5.44　2004 年表层沉积物起动摩阻流速沿水深分布

黄河入海尾闾的频繁摆动，使得不同沉积环境形成多元沉积结构。首先由河流直接供应的粉砂类泥沙，在水动力较强的河口堆积形成河口拦门沙，而河口拦门沙主体的两侧为弱水动力环境，颗粒较细并带有黏结力的细颗粒沉积物相比粉砂起动需要更强的水动力。因此，1980—1985 年间剖面蚀退速度减慢，可能与此有关。

5.3.4.3 沉积物垂向差异与剖面塑造

岸滩地形剖面 26 年累计蚀退曲线呈"汤勺"形状（图 5.41），9.5 m 左右水深为突变点，以浅岸滩蚀退距长大于 4.8 km，在 10.0 m 水深处净蚀退距长突减至 3.8 km，并随深度增加蚀退距长逐渐减小直至变为净淤涨。柱状样原状土冲刷试验发现，沉积物柱状样大约从 9.0 m 深度层开始，柱状沉积物黏土含量剧增，含水量速降，抗冲性增强，临界起动摩阻流速达 10.0 ~ 14.0 cm/s。高抗冲性沉积物分布深度与地形剖面蚀退骤减深度一致。

6 钓口河亚三角洲沉积物抗冲刷能力试验

6.1 亚三角洲 HF 孔沉积物抗冲性试验

6.1.1 沉积物临界起动切应力及冲刷率试验

6.1.1.1 试验设备

原状沉积物的冲刷试验需要在高剪应力水流条件下进行。为此我们选择使用了中国科学院力学研究所环境流体力学实验室的泥沙试验水槽（图 6.1）。水槽试验段为方截面有机玻璃管，截面尺寸为 20 mm×100 mm，长 2 m，实验段底部开口连接方形土槽，土槽截面 100 mm×150 mm，高 0.5 m，并在其中装有活塞机构。方形槽内可放置一个直径为 90 mm 的圆形岩芯筒。电机驱动传动装置通过升降台和活塞可控制土样的向上移动，移动的距离可由固定在升降台上的毫米标尺读出，该传动装置的移动精度为 0.125 mm。进水管内水流流量由电子流量计测量，试验段水流最高流速可达 4.0 m/s。

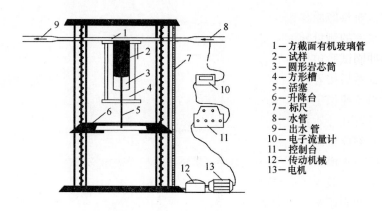

1—方截面有机玻璃管
2—试样
3—圆形岩芯筒
4—方形槽
5—活塞
6—升降台
7—标尺
8—水管
9—出水 管
10—电子流量计
11—控制台
12—传动机械
13—电机

图 6.1 高速水流泥沙水槽结构

6.1.1.2 试验土样

根据 HF 孔岩芯剖面特征，选取具有一定代表性的 15 个样品用于冲刷试验。样品的取土深度及基本性质列在表 6.1 中。

表 6.1　冲刷试验样品的取土深度及性质

试验编号	取土深度/m	沉积物性质描述
1	3.0~3.5	结构均匀的黄褐色粉砂质砂
2	3.6~4.0	结构均匀的黄褐色砂质粉砂
3	5.6~5.9	浅灰色砂质粉砂
4	6.1~6.4	夹细砂与黏土的浅灰色粉砂质砂
5	8.7~9.0	富含有机质的灰褐色粉砂夹有黏土质粉砂
6	9.1~9.5	富含有机质的灰褐色粉砂
7	10.6~10.9	含有机质、软塑并混有粉砂的灰褐色黏土质粉砂
8	11.0~11.5	含有机质、软塑并混有粉砂的灰褐色黏土质粉砂
9	13.5~13.9	含有机质、软塑的灰褐色黏土质粉砂
10	14.0~14.5	含有机质、软塑的灰褐色黏土质粉砂
11	18.7~19.0	含有机质并夹有粉砂的灰褐色黏土质粉砂
12	19.1~19.5	含有贝壳体并夹有粉砂的灰褐色黏土质粉砂与粉砂互层
13	26.5~26.8	浅灰色细砂混有黏土粒（重塑）
14	26.8~27.0	浅灰色细砂混有黏土粒
15	27.1~27.5	浅灰色细砂混有黏土粒

6.1.1.3　试验方法

试验之前，对每段原状试样的颗粒粒级、密度、含水率等进行了分析和测定，其中沉积物密度与含水率的测量分别采用了环刀法和烘干法。

原状土的冲刷试验包括临界起动条件的试验和冲刷率的试验，每段土样先进行临界起动条件的试验，然后接着在不同剪应力条件下进行冲刷率的试验。试验时通过调节流量控制流速，每次当流速稳定后，先记录土样表面的变化情况以确定其临界起动条件，然后记录土柱的起始位置并开始计时，试验结束时记录土柱的终止位置和冲刷时间。在冲刷过程中，通过肉眼时刻监视土样表面的冲刷情况，确定土槽内原状土芯的上移速度，以保持土样的上表面始终与水槽试验段底面在同一水平面上。为保证试验的精度，每次的冲刷时间视流速情况而定，一般大于 2.0 分钟。

在此定义：冲刷速率 q 为试验土样在单位时间内上升的高度，单位为 cm/s；冲刷率 ε 为水流在单位时间内从单位面积床面上冲刷带走的泥沙重量。

则有：

$$\varepsilon = q \times \rho \tag{6.1}$$

式中，ε 为冲刷率 [g/ (cm² · s)]；q 为冲刷速率（cm/s）；ρ 为土样密度（g/cm³）。

试验段水流的运动视为湍流，L. 普朗特给出了光滑方管湍流流动的平均流速 U 与床面切应力 τ 之间的关系式：

$$\frac{1}{\sqrt{\lambda_1}} = 2.0\lg(\mathrm{Re} \sqrt{\lambda_1}) - 0.8 \tag{6.2}$$

式中，λ_1 为阻力系数，$\lambda_1 = 8\tau/\rho U^2$；Re 为雷诺数，$Re = Ud/\nu$；$\rho$ 为介质的密度；d 为方管直径；ν 为介质的运动黏性系数。在此 ρ 取清水的密度 1 g/cm³，为便于计算 ν 取 0.01 cm²/s。关系式可用于湍流范围中的所有雷诺数（0.4 ~ 200）×10⁴，而在本实验条件下的雷诺数为 $2 \times 10^4 \sim 40 \times 10^4$，因而可以借助公式（6.2）来确定床面切应力。

6.1.2 沉积物临界起动切应力

众所周知，当床面切应力大于临界冲刷切应力（τ_c）时，即 $\tau > \tau_c$ 时就发生冲刷（Partheniades，1965）。原状土的冲刷过程中出现 3 种类型：颗粒型、片状和团块型，其中颗粒型指细砂组成为主的沉积物体并以单颗粒泥沙方式起动和运动，而粉砂组成为主的沉积物体多以片状形式被冲起，对于黏土质粉砂沉积物体则以团块形式被冲起。据此，将原状土的临界起动条件定义为：沉积物柱状样表面出现许多小的局部破坏或撕裂并伴随有少量泥沙起动发生时的水流速。根据呼和敖德教授对连云港和长江口试验结果，确定临界起动冲刷速率 q_c 的范围为 $0.4 \times 10^{-3} \sim 0.8 \times 10^{-3}$ cm/s。本试验将参考该定量值，以此判定原状土沿垂向深度的临界起动切应力。

所有土样的试验结果列于表6.2。图6.2为临界起动切应力 τ_c 沿垂向深度的变化值。从中可以看出：

（1）随着垂向深度的增大，整体上 τ_c 值的变化趋势是增大的。

（2）对于不同类型沉积物，从砂质粉砂—细砂—粉砂—黏土质粉砂，τ_c 值总体上呈增大的趋势。

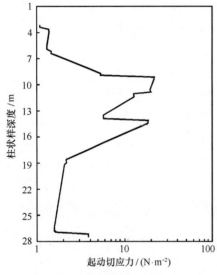

图 6.2 原状土临界起动切应力随埋深的变化

表 6.2 原状试验土样临界起动切应力统计

试验样品组号	地层埋深 /m	沉积物组成	密度 ρ / (g·cm⁻³)	流量 Q / (×10⁻³m³·s⁻¹)	平均流速 U_c / (m·s⁻¹)	床面切应力 τ_c / (N·m⁻²)
1	3.2 ~ 3.4	砂质粉砂	1.938	1.33	0.667	1.091
2	3.7 ~ 4.0	砂质粉砂	2.009	1.47	0.737	1.302
3	5.6 ~ 5.9	砂质粉砂	2.018	1.53	0.765	1.391
4	6.1 ~ 6.4	粉砂质砂	2.026	1.56	0.778	1.437
5	8.7 ~ 9.0	粉砂	2.012	1.83	1.635	5.436
6	9.1 ~ 9.4	黏土质粉砂	2.081	7.06	3.530	21.854
7	10.6 ~ 10.9	黏土质粉砂	1.942	6.68	3.342	19.686
8	11.1 ~ 11.5	黏土质粉砂	1.923	5.25	2.627	12.795
9	13.5 ~ 13.8	粉砂	2.035	3.39	1.696	5.807

试验样品组号	地层埋深 /m	沉积物组成	密度 ρ / $(g \cdot cm^{-3})$	流量 Q/ $(\times 10^{-3} m^3 \cdot s^{-1})$	平均流速 U_c / $(m \cdot s^{-1})$	床面切应力 τ_c / $(N \cdot m^{-2})$
10	14.1 ~ 14.4	黏土质粉砂与粉砂	2.022	6.44	3.224	18.544
11	18.7 ~ 19.0	粉砂与黏土质粉砂	1.958	1.94	0.973	2.141
12	19.1 ~ 19.4	粉砂与黏土质粉砂	1.929	1.90	0.952	2.060
13	26.5 ~ 26.8	细砂	1.930	1.64	0.820	1.577
14	26.8 ~ 27.0	细砂	1.977	1.66	0.828	1.606
15	27.1 ~ 27.5	细砂	2.026	2.71	1.355	3.880

（3）τ_c 值在垂向上明显地分为 3 层：第一层在 7.5 m 以上，本层沉积物的 τ_c 值相对较小，范围在 1.0 ~ 1.5 N/m^2 之间，而且随着垂向深度的增大，τ_c 值逐渐增大；第二层在 7.5 ~ 18.7 m 处，本层沉积物的 τ_c 值及其变幅都很大，范围在 5.4 ~ 21.9 N/m^2 之间，并且沿垂向深度呈波动变化，其中，9.1 ~ 13.5 m 深度处的 τ_c 值最大；第三层在 18.7 m 以下，本层沉积物的 τ_c 值比较大，范围在 1.5 ~ 3.9 N/m^2 之间。

6.1.3 冲刷率及其与切应力的相关关系

亚三角洲沉积物受河流径流、波浪、潮流等因素的影响，沉积环境非常复杂，造成沉积物的土质结构很不均匀。由于沉积物的冲刷率试验受其土质结构的影响，其中，6 ~ 10 号和 13 号样品因以类似"铁板砂"的粉砂为主并含有一定量的黏土块，其土质结构极不均匀，在土样冲刷率试验过程中，当水流达到一定强度后出现类似"揭河底"现象，导致所获代表性数据偏少。而其他 9 个原状土样冲刷试验较成功，其清水冲刷率 ε 的试验结果示于图 6.3。试验所得冲刷率 ε 最大为 0.36 kg/（m^2·s），最小为 0.003 kg/（m^2·s），大部分集中在 0.016 ~ 0.13 kg/（m^2·s）。根据原状土样冲刷率 ε 随剪应力 τ 的变化曲线形式，可将图中曲线大致分为以下 4 种类型。

（1）近垂直型。包括 4 号、14 号、15 号土样，其特点是冲刷率 ε 随着剪应力 τ 的增大而迅速增大，曲线形状近似于垂线，斜率大于 1（图 6.3）。

（2）近横斜线型。包括 5 号、12 号土样，其特点是冲刷率 ε 随着剪应力 τ 的增大而缓慢增大，曲线形状近似于横斜线，斜率总体上小于 0.5（图 6.3）。

（3）近波动斜线型。包括 1 号、2 号土样，其特点介于上述两种类型之间，随着剪应力 τ 的增大，冲刷率 ε 的增幅较大，曲线形状大体上呈斜线，斜率介于 0.5 和 1 之间（图 6.3）。

（4）波动型。包括 3 号、11 号土样，其最明显的特点是冲刷率 ε 随剪应力 τ 的增大呈现忽高忽低的波动性变化（图 6.3）。

图 6.4a - c 表明近垂直型、近横斜线型和近波动斜线型存在冲刷率 ε 随剪应力（$\tau - \tau_c$）都显示出相当明显的线性趋势。这说明：在一定的误差范围内，沉积物冲刷率可以用 Partheniades 线性公式进行计算。但是，对于波动型，既没有明显的线性趋势，也没有明显的乘幂次特征(图 6.4d)，对这一类型还需要进一步试验论证和分析。

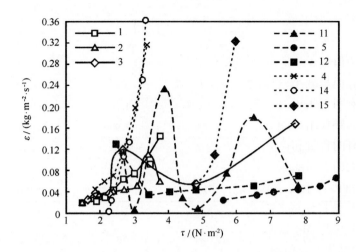

图 6.3　原状土样冲刷率 ε 随剪应力 τ 的变化

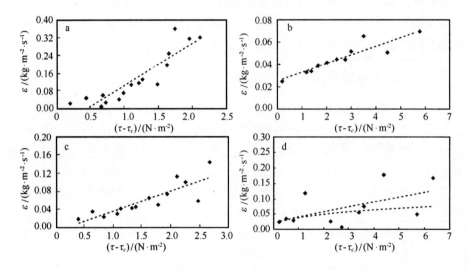

图 6.4　冲刷率 ε 随剪应力（$\tau - \tau_c$）变化

6.1.4　不同沉积物与抗冲性之间的关系

早在 20 世纪 50 年代，人们就开始采用非黏性土，试图通过某种实验手段，建立起起动切应力或起动流速与土壤特性间的关系。其土壤特性包括：含水量、抗剪强度、稠度和分散度等，但由于土壤的性质千差万别，不同试验者得出的结果差别非常大（钱宁和万兆惠，1983）。可见，对这一问题进行探讨依然具有重要的研究意义。

6.1.4.1　不同类型沉积物与抗冲性的关系

原状沉积物的抗冲刷能力取决于多种影响因子，比较重要的物理因素包括颗粒大小组成、结构、含水率、黏土矿物类型、渗透性和压缩性等。另外，生物和化学方面的因素也很重要，如：有机质含量、生物扰动、氯、pH 等（Van Ledden et al.，2004）。在此着重讨论沉积物的颗粒大小组成、结构以及密度、含水率等因素对沉积物抗冲能力的影响作用。

（1）沉积物中值粒径反映了颗粒组成的大小。从图 6.5a 来看，起动切应力随着沉积物中值粒径的增大而呈减小的趋势，尔后随着沉积物中值粒径的增大而起动切应力呈增大的趋势。这与徐宏明与张庆河（2000）关于粉砂的研究结果是吻合的。

（2）沉积物的颗粒组成和结构是决定其抗冲性的非常重要的因素，分别取决于粉砂、黏土和细砂所占有的含量和比值。图 6.5b 显示，沉积物起动切应力 τ_c 值随着黏土含量的增加总体上是增大的。对照表 6.2 和表 6.3 可以发现，黏土含量大于 16%、细砂含量小于 15%、黏土与细砂含量的比值大于 1.20 的 5～10 号土样的 τ_c 值较大，而黏土含量小于 10%、细砂含量大于 17% 或者黏土与细砂含量的比值小于 0.5 的 1～4 号、11～15 号土样的 τ_c 值较小。这些与 Mitchener 和 Torfs（1996）、Panagiotopoulos 等（1997）、Houwing（1999）等的试验结果是比较接近的。

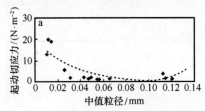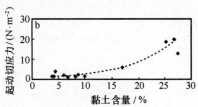

图 6.5　沉积物起动切应力随中值粒径、黏土含量的变化

表 6.3　原状沉积物不同组分的百分含量（%）与分选系数

试样序号	黏土	粉砂	细砂	黏土/细砂	分选系数	分选度
1	8.21	51.74	40.05	0.20	1.60	中
2	9.83	59.27	30.90	0.32	1.71	中
3	6.82	50.48	42.70	0.16	2.59	很差
4	6.72	40.23	53.05	0.13	1.48	中
5	18.20	66.80	15.00	1.21	0.96	很好
6	19.04	68.80	12.16	1.57	2.11	很差
7	26.90	69.35	3.75	7.17	2.74	很差
8	27.50	68.70	3.80	7.24	2.94	很差
9	16.85	75.15	8.00	2.11	2.75	很差
10	25.20/15.20	71.50/74.30	3.30/10.50	7.64/1.45	2.35	很差
11	8.65/35.20	73.95/62.80	17.40/2.00	0.50/17.60	2.09	很差
12	6.04/27.50	75.61/68.80	18.35/3.70	0.33/7.43	2.76	很差
13	3.80	10.40	83.30		1.33	好
14	3.99	8.31	85.70		1.27	好
15	4.42	12.43	81.05		1.33	好

注：10 号、11 号、12 号样中的 25.20/15.20，斜线前数据为该样品上段样百分含量，斜线后数据为该样品下段样百分含量。

（3）沉积物临界起动切应力 τ_c 值与沉积物密度的关系密切。从表 6.2 可以看出：分属于不同类型的 1～3 号、5～6 号与 7～8 号、9 号、13～15 号土样的 τ_c 值都是随着密度的增大而增大的。这说明，同一类型沉积物的临界起动切应力与密度呈一定的正相关关系。这与 Parchure 和 Mehta（1985）、Torfs 等（1996）、Amos 等（1997）的研究一致。

（4）从图 6.6 中可以看出，起动切应力随含水率的增大总体上是减少的，呈一定的负相关关系。同为细砂的 13～15 号土样更是明显地表现出这一规律性。Sanford 和 Halka（1993）、Grant 和 Daborn（1994）、Amos 等（1997）也都认为含水率是影响沉积物临界起动切应力的重要因子之一。

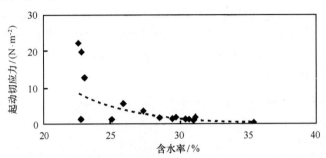

图 6.6　起动切应力随含水率的变化

（5）Partheniades（1965）曾给出黏性底层的冲刷率与水流底部剪切应力 τ 之间存在的线性关系：

$$\frac{\mathrm{d}m}{\mathrm{d}t} = \mu\left(\frac{\tau}{\tau_c} - 1\right) \tag{6.3}$$

式中，m 为单位面积上的冲刷量（$\mathrm{kg/m^3}$）；μ 为冲刷系数。

图 6.3 中显示的冲刷率与剪应力几乎都呈曲线关系。原因在于公式是对结构均匀的单一黏性土而言的，而原状沉积物由于结构和组成等都很复杂，决定了其冲刷率曲线不可能为线性。结合表 6.3 中数据，从沉积物的结构、颗粒组成、分选度等方面，分别分析形成不同形式冲刷率曲线的原因。

（1）近垂线型

该类土样（4 号、14 号、15 号）的黏土含量很低，细砂含量高，泥沙颗粒粒径较粗，因而除 4 号土样因含有一定比例的粉砂，临界起动切应力 τ_c 值略小外，14 号、15 号以细砂为主的土样临界起动切应力 τ_c 值较大，起动后要求的剪应力 τ 反而比较小，冲刷率曲线呈近垂线型。此类土样由于黏土与粉砂含量较低，属于分散型的细砂颗粒组成，分选系数介于 1.2～1.5 之间，分选度好，结构均匀，颗粒之间黏性极小，所以冲刷率与剪应力 τ 的曲线关系呈较好的线性。属于起动流速要求较大，一旦泥沙颗粒起动后其抗冲性显示较差的沉积物组分或沉积层。

（2）近横斜线型

该类土样（5 号、12 号）由黏土含量较高的细粉砂组成，细砂含量较低，属于黏土质粉砂颗粒组成，颗粒之间黏性较大，而且结构均匀，5 号土样分选系数为 0.96，分选度极好，被人们称为"铁板砂"，抗冲能力特强。试验结果显示，临界起动切应力 τ_c 值很大，达到 5.4 N/m²，起动后要求的剪应力 τ 也比较大，所以冲刷率 ε 随剪应力 τ 的增大而呈略微的增高，其冲刷率曲线与剪应力 τ 的曲线关系接近于线性。而 12 号土样随着剪应力 τ 的增大而冲刷率出现前后性质不同的关系曲线段，这与土样沉积物组成和结构不均匀有关，该土样沉积物的分选系数大于 2.0，分选度很差，同时由于土样起始段细砂含量较高（细砂含量占 18.35%），结构不均匀，其冲刷率试验曲线开始上升较快，而后与 5 号土样一样出现线性均匀的关系属于抗冲性能力特强沉积物组分或沉积层。

（3）近波动斜线型

该类型土样（1 号、2 号）由黏土含量比较低的粗粉砂组成，而且细砂含量较高，两者的比值在 0.15 ~ 0.35 之间，介于分散型与黏性颗粒组成之间，分选系数在 1.70 左右，分选度较好，颗粒之间存在一定的黏性，所以冲刷率曲线介于上述两种类型之间，因而冲刷率与剪应力 τ 的关系曲线存在很小的波动。属于抗冲性较强沉积物组分或沉积层。

（4）波动型

该类型土样（3 号、11 号）存在细砂和黏土团、层以及粉砂与黏土质粉砂交互层等现象，结构极不均匀，分选系数大于 2.0，分选度很差，属于混合程度很高的沉积组，因而冲刷率与剪应力 τ 的关系曲线呈明显的波动变化。属于抗冲性不稳定沉积物组分或沉积层。

综上所述，钓口河亚三角洲飞雁滩原状沉积物的颗粒组成、结构、密度等主要因素基本决定了冲刷率 ε 随剪应力 τ 复杂的变化关系。

6.1.4.2 沉积物磁性参数与抗冲性的关系

沉积物的磁性特征，与其所含的磁性矿物类型、含量和晶粒特征等有关，而沉积物的抗冲刷能力也受到所含矿物特征的影响，那么，沉积物磁性特征与抗冲性之间是否存在一定的相关性呢？

表 6.4 所示为冲刷试验样品的磁性特征参数值及其与表 6.2 中床面切应力 τ_c 之间的相关系数。其中，磁化率 χ、软剩磁 $SOFT$、频率磁化率 χ_{fd} 和非滞后剩磁 χ_{ARM} 与 τ_c 的相关系数分别为 0.62、0.66、0.66 和 0.50，而其他的相关系数都在 0.40 以下，有的甚至为负数。为了确定是否真正相关，还需要对相关系数进行检验。表 6.5 为相关系数真值 $\rho = 0$（即两要素不相关）、自由度 $f = 11$ 时样本相关系数的临界值 r_a。一般而言，当 $|r| < r_{0.1}$ 时，就认为两要素不相关，从表中，得：$r_{0.1} = 0.476\ 2 > 0.40$，说明饱和等温剩磁 $SIRM$、χ_{ARM}/χ、$\chi_{ARM}/SIRM$、$SIRM/\chi$ 和退磁参数 S_{-300} 与 τ_c 不相关。而 χ 与 τ_c 的相关系数为 0.62 > $r_{0.05}$，这说明两者不相关的概率只有 $a = 0.05$，即 5%，换言之，它们之间同向相关的概率达 $1 - a = 0.95$，即 95%；$SOFT$ 和 χ_{fd} 与 τ_c 的相关系数都为 0.66 > $r_{0.02}$，这说明它们之间同向相关的概率高达 98%；χ_{ARM} 与 τ_c 的相关系数为 0.50 > $r_{0.1}$，这说明两者之间同向相关的概率为 90%。

综上所述，沉积物的临界起动切应力 τ_c 与沉积物的质量磁化率 χ、软剩磁 $SOFT$、频率磁化率 χ_{fd} 和非滞后剩磁有一定的相关性，与其他磁性参数不相关。由于以上 4 个参数主要反映了亚铁磁性矿物含量及其晶粒大小，因此，可以说，沉积物所含磁性差异的本身反映了泥沙的来源尤其在不同水动力环境下沉积、再悬浮等复杂交换及沉积过程，体现在沉积物临界起动切应力 τ_c 的大小与亚铁磁性矿物含量及其晶粒大小有关。

表 6.4　冲刷试验样品的磁性特征及各参数与 τ_c 的相关系数

样品组号	地层埋深/m	χ/ $(10^{-8}\,m^3 \cdot kg^{-1})$	$SIRM$/ $(\times 10^{-6}Am^2 \cdot kg^{-1})$	$SOFT$/ $(\times 10^{-6}Am^2 \cdot kg^{-1})$	χ_{fd} /%	χ_{ARM}/ $(\times 10^{-8}\,m^3 \cdot kg^{-1})$	χ_{ARM}/χ	χ_{ARM} /$SIRM$	$SIRM$/ χ	S_{-300} /%
1	3.2~3.4	34.66	5 743.37	523.04	1.72	97.14	2.80	16.91	16.57	93.28
2	3.7~4.0	35.53	5 874.62	552.66	1.46	91.62	2.58	15.60	16.54	93.09
3	5.6~5.9	38.53	6 243.41	576.36	1.97	104.64	2.74	16.85	16.20	93.79
4	6.1~6.4	43.74	7 026.66	620.11	1.56	96.69	2.23	13.88	16.07	93.87
5	8.7~9.0	45.57	6 025.84	687.14	3.94	194.27	4.27	32.46	13.22	93.43
6	9.1~9.4	46.36	6 573.21	732.71	3.01	147.88	3.17	22.74	14.19	94.14
7	10.6~10.9	55.22	6 426.52	866.67	7.06	329.64	5.97	51.29	11.64	93.78
8	11.1~11.5	50.56	5 902.97	794.22	6.47	301.12	5.95	51.00	11.68	93.80
9	13.5~13.8	45.55	5 653.65	714.33	5.77	248.33	5.45	43.93	12.41	93.77
10	14.1~14.4	43.41	5 538.45	702.08	5.49	230.83	5.30	41.54	12.78	93.46
11	18.7~19.0	30.82	3 698.83	491.36	1.84	104.76	3.40	28.32	12.00	92.53
12	19.1~19.4	45.56	5 096.99	747.87	5.69	402.90	8.84	79.05	11.19	93.39
13	26.5~26.8	28.15	2 613.87	362.67	0.18	56.14	1.99	21.48	9.29	91.06
14	26.8~27.0	41.57	4 012.30	523.86	1.66	87.78	2.11	21.88	9.65	91.06
15	27.1~27.5	33.46	7 237.17	399.15	1.17	120.89	3.69	19.24	22.38	96.46
与 τ_c 相关系数		0.62	0.34	0.66	0.66	0.50	0.40	0.35	-0.11	0.29

表 6.5　检验相关系数 $\rho = 0$ 且自由度 $f = 11$ 时的临界值 r_a

f	a				
	0.10	0.05	0.02	0.01	0.001
11	0.476 2	0.552 9	0.633 9	0.683 5	0.801 0

注:$\rho\{\,|r| > r_a\,\} = a$。

6.1.5　亚三角洲垂向沉积物抗冲性分析

钓口河亚三角洲飞雁滩 HF 孔 0~7.0 m 以粗颗粒的砂质粉砂为主,为快速堆积的沉积物,沉积历史短,在波浪的长期作用下,颗粒组成变粗,密实度差,分选程度较差,因而抗冲刷能力低。尽管 2.4~3.2 m 之间全部为粒径较小的黏土质粉砂,但由于其分选程度差,沉积历史短,沉积物未被压实,加上磁化率较高,铁磁性矿物含量较高,所以,抗冲性仍然比较差。

7.0~9.1 m 为黏土质粉砂与粉砂交互层,粒径变化大,分选程度差。但是沉积物含水量较低,密度较大,孔隙比较小,压缩系数较小,压缩性较差,说明沉积物密实度较好,其抗剪强度较高,因此具有一定的抗冲性。

9.1~13.5 m 除 9.1~9.7 m 为粉砂和砂质粉砂外,其余全部为黏土质粉砂。该层沉积物分选程度较差。但含水量较低，密度较大，孔隙比较小，塑性指数较高，压缩系数较小，压缩性较差，因而密实度好。同时，由于其黏土含量较高，黏聚力较大，因而抗冲能力较强。

13.5～18.3 m 几乎全部为黏土质粉砂，分选程度介于较差与差之间，含水量较高，密度较小，孔隙比较大，压缩系数较大，压缩性较好，因而密实度较差，抗剪强度比较低。但是由于其黏土含量较高，因而仍具有一定的抗冲性，而明显地比上一层的抗冲性差。

18.3～21.7 m 仍然以黏土质粉砂为主，分选程度介于较差与差之间，含水量较高，孔隙比较小，压缩系数较大，压缩性较好，具有一定的密实度，尽管黏土含量较高，但是粉砂和细砂组分含量变化较大，结构不均匀，抗剪强度比较低，因而抗冲性较差。

21.7～24.7 m 为砂质粉砂、粉砂和黏土质粉砂交互层，影响沉积物抗冲性的各个因子变化较大，因而存在抗冲性强弱变化大的现象。

24.7～28.4 m 为粗颗粒的粉砂质砂、砂质粉砂和细砂的交互层，黏土含量低，分选程度介于较差与差之间，但是含水量低，孔隙比小，压缩系数小，压缩性差。说明其密实度高，抗剪强度比较高，因而仍然具有一定的抗冲性。

综上所述，钓口河亚三角洲飞雁滩 HF 孔浅层沉积物（＜7.0 m）的抗冲性远低于深层沉积物，是由沉积物类型、组分含量、分选程度、密实度、含水量、抗剪强度等影响因子决定的。因此，非常有必要在这一层建造坚固的海堤护坡，以防止波浪和潮流的侵蚀。9.1～13.5 m 属于抗冲能力较强的沉积层。多年现场实测资料显示，飞雁滩海岸剖面的持续侵蚀深度一般不超过 12 m（图 5.21、图 5.22、图 5.24、图 5.25、图 5.27、图 5.28），与试验结果是一致的。由此可见，在研究侵蚀海岸长时间尺度的剖面变化时，沉积物抗冲性是一个非常重要并有实用价值的指标。

6.2 岸滩床面粗化层发育与破坏试验

对于三角洲岸滩及河口区域岸滩冲淤而言，床面粗化层存在的意义在于其对岸滩表层床沙抗冲性的贡献，当床面粗化层形成后，在不考虑下覆泥沙固结的情况下，无疑，粗化层床沙的抗冲性是最大的。因此，三角洲岸滩及河口区域床面粗化层形成和破坏的临界水力条件，对于认识岸滩的抗冲性具有重要的理论意义。

6.2.1 试验设备及试验用沙

实验在华东师范大学河口海岸学国家重点实验室波、流、泥沙变坡水槽中进行。水槽全长 30 m，宽 0.7 m，高 0.5 m，试验段长 15 m，测验段长 6 m，基本结构如图 6.7 所示。

水槽由平水塔、水泵、备沙搅拌池、阀门、电磁流量计、玻璃水槽等组成，相关控制均已实现自动化电脑操控。平水塔有进水管、出水管和溢水管，溢水管和水泵联合可提供恒定水位以及流量为 0～240 m³/h 的稳定水流，精度为 1.0 m³/h。水流流量通过阀门控制，用电磁流量计量测，由电脑控制的阀门和流量计自反馈系统可以自动控制阀门从而控

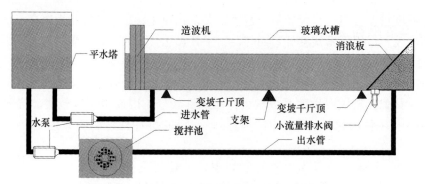

图 6.7　波、流、泥沙变坡水槽结构示意图

制流量。水槽设有造波机、尾门，出水口尾门开度可用来控制水槽内水位，变坡系统用来控制水槽底坡，可变坡 −2% ~ +2%，造波机由伺服液压机提供动力，亦为电脑自动化控制，可以产生规则波、随机波和破碎波。

床沙粗化过程水槽试验，采用两组不同组成的沉积物，以此用于试验对比分析，第一组为 2005 年 7 月于钓口河亚三角洲飞雁滩潮上带区域采集，第二组为 2005 年 7 月于孤东海域 1.0 m 水深区域采集，取样深度为床面下 0.4 m 以内，试验用沙颗粒级配组成见表 6.6 和图 6.8。

表 6.6　水槽试验用原型沙粒度特征值

站位	中值粒径 /μm	平均粒径 /μm	标准偏差	偏态	峰态	黏土 /%	粉砂 /%	砂 /%
飞雁滩	91	88	1.34	0.55	2.52	6.4	19.9	73.6
孤东近岸	108	104	1.31	0.57	3.19	6.5	12.0	81.5

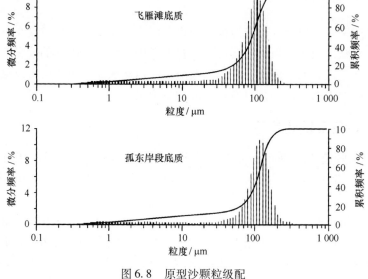

图 6.8　原型沙颗粒级配

6.2.2 原型沙颗粒度及临界起动特性

试验过程中，对钓口河亚三角洲飞雁滩高潮滩与孤东近岸床沙分别进行了起动流速试验和起动波高试验，试验结果列于表6.7。

表6.7 原型沙临界起动流速

站位	中值粒径 /μm	平均粒径 /μm	试验水深 /cm	起动流速 / (m·s⁻¹)	起动摩阻流速 / (cm·s⁻¹)	波周期 /s	起动波高 /cm
飞雁滩	91	88	0.35	0.283	1.37	5	10.7
孤东近岸	108	104	0.35	0.278	1.35	5	10.4

表6.6中沉积物颗粒度分析结果表明，所有原状试验沙颗粒组成均以砂质占优，孤东近岸海域床沙较粗，砂质含量达81.5%，飞雁滩区域岸滩床沙则相对偏细，砂质含量为73.6%，粉砂质含量相对较高，达19.9%，这显然与两地水动力条件的强弱有关。

表6.7为试验所得两地床沙起动特性参数。其中起动摩阻流速由所得试验起动流速基于对数流速公式求得。

$$u_* = \frac{U_c}{2.5\ln\left(\frac{11h}{ks}\right)} \tag{6.4}$$

由表6.7可见，孤东近岸海域床沙起动摩阻流速为1.35 cm/s，飞雁滩高潮滩床沙起动摩阻流速较高，达1.37 cm/s，这显然与飞雁滩床沙颗粒组成偏细，细颗粒间黏滞力作用较强有关。同时，试验结果与张瑞瑾（1989）起动流速公式［式（6.5）］换算结果吻合良好（图6.9），表明应用该公式计算上述两个区域床沙的起动流速具有较为可靠的精度。

$$U_c = \left(\frac{h}{D_{50}}\right)^{0.14}\sqrt{17.6D_{50}\frac{\gamma_s-\gamma}{\gamma}+0.000\,000\,605\frac{10+h}{D_{50}^{0.72}}} \tag{6.5}$$

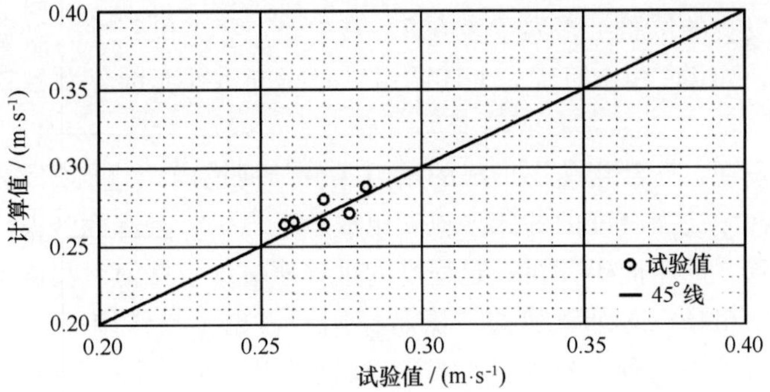

图6.9 水槽试验起动流速与张瑞瑾公式计算值比较（试验水深0.35 m）

起动波高试验结果表明（表6.7），飞雁滩床沙起动波高为10.7 cm（0.35 m水深，波周期5 s），孤东近岸床沙起动波高则为10.4 cm（0.35 m水深，波周期5 s）。将上述结果以及在床沙粗化试验过程中测得的泥沙起动波高数值与刘家驹（1992）公式［式（6.6）］计算结果绘于图 6.10。

$$h_* = \frac{L}{4\pi}\text{arcsh}\left[\frac{\pi g H^2}{M^2 L\left(\frac{\rho_s - \rho}{\rho}gD + \beta\frac{\varepsilon_k}{D}\right)}\right] \tag{6.6}$$

式中，$M = \begin{cases} 0.12\left(\dfrac{L}{D}\right)^{1/3} & \dfrac{L}{D} < 2\times10^5 \\ 5.85 & \dfrac{L}{D} \geq 2\times10^5 \end{cases}$，波长 $L = \dfrac{gT^2}{2\pi}\text{th}\left(\dfrac{2\pi h_*}{L}\right)$

H、T、D 分别代表有效波高、波周期和床沙中值粒径，且当 $D \leq 0.03$ mm 时，D 取值泥沙絮凝当量粒径 0.03 mm，$\beta = 0.039$，$\varepsilon_k = 2.56$ cm^3/s^2。

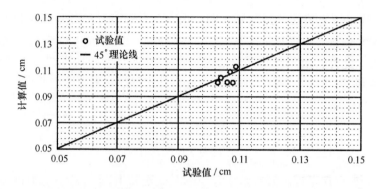

图 6.10　水槽试验起动波高与刘家驹公式计算值比较（试验水深 0.35 m，波周期 5 s）

由图 6.10 可见，临界起动波高试验结果与刘家驹公式换算结果吻合良好，表明该公式对床沙临界起动波高的预测具有良好的精度，则由刘家驹公式可得，飞雁滩近岸床沙起动波高应为 0.62 m，孤东近岸床沙起动波高则相应为 0.63 m。

6.2.3　床面粗化层形成的水力条件

床面粗化层发育的试验结果列于表 6.8。其中，1 组次和 2 组次分别为飞雁滩、孤东原状砂试验结果，3 组次和 4 组次为上述两组试验完成后补充部分颗粒较粗砂样后的新砂样试验结果。

实验过程中发现，床沙粗化层形成的水力条件与河道内粗化层的发育条件略有不同，其完成的标志为沙波波高厚度内的床沙粒度组成趋于均一，且床面沙波尺度趋于稳定并以一定速度向前推移，即床面仍存在一定程度的推移质输沙。按河流泥沙动力学理论，认为河床沙粗化过程中粗颗粒对细颗粒的"隐蔽作用"占据主导作用，其完成的标志为床面推移质输沙率近似为零（孙志林等，2000），而河口海岸区域床沙颗粒组成偏细，近似均匀沙性质，细颗粒间黏滞力作用显著，粗颗粒对细颗粒的"屏蔽作用"有限，故河床沙粗化过程主要依靠翻滚沙波冲走较细颗粒泥沙从而增大床面阻力来完成，这与韩其为等（1983）、秦荣昱和胡春宏（1997）等人研究成果相吻合。

表 6.8　床沙粗化层发育试验结果

试验组次	中值粒径/μm		标准偏差		水深/cm		沙波波长/cm		沙波波高/cm		单宽流量/($m^3 \cdot s^{-1} \cdot m^{-1}$)
	初始	形成	初始	形成	初始	形成	初始	形成	初始	形成	
1	91	119	1.338	0.387	25.0	28.6	0.0	13.3	0.0	2.4	0.069 0
2	108	137	1.312	0.325	25.0	28.6	0.0	17.1	0.0	2.4	0.068 3
3	105	131	1.015	0.283	25.0	28.8	0.0	16.0	0.0	2.4	0.068 7
4	165	188	1.950	0.479	25.0	26.0	0.0	13.8	0.0	2.2	0.064 3

　　试验结果表明，在试验水深25 cm、单宽流量0.064 3 ~ 0.069 0 m³/(s·m) 的水流条件下，床沙发生显著粗化，其粒度特征表现为：细颗粒组分大部分被水流冲走，优势粒级趋于集中，标准偏差普遍降至0.5以下，且床沙原始颗粒组成越细，则粗化后中值粒径增大幅度就越大。此外，由图6.11可见，床沙粗化后中值粒径的增大幅度与沙粒雷诺数明显呈负相关关系。

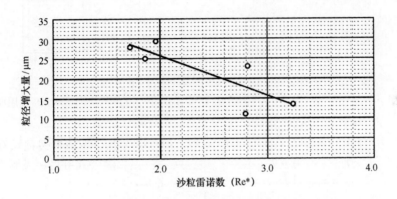

图 6.11　粗化前后床沙中值粒径与沙粒雷诺数的关系

　　由图6.12可见，床沙粗化后的冲刷深度明显与床沙初始粒度呈对数负相关关系，初始床沙颗粒越细，相应引起的冲刷深度就越大。其原因在于，床沙粒度组成偏细，则粗颗粒组分相应偏少，富集同样数量的粗颗粒泥沙相应所需冲刷体积亦较多，反映到冲刷深度上则表现为：粒度组成偏细的床沙粗化时冲刷深度相应大于粒度组成较粗的床沙。

　　所有组次床沙粗化试验中均发育有沙波，沙波平面形态以链状为主。图6.13表明，床沙粗化完成后，沙波波高与沙粒雷诺数亦呈线性相关关系；且由图6.14可见，试验中沙波波高与张瑞瑾（1983）经验公式［式（6.7）］预测结果吻合良好。

$$\frac{\eta}{h} = \frac{0.086U}{\sqrt{gh}} \left(\frac{h}{D_{50}} \right)^{\frac{1}{4}} \tag{6.7}$$

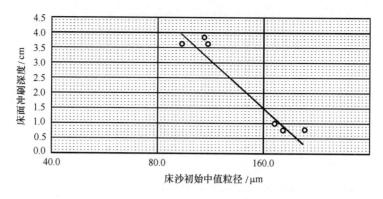

图 6.12 床沙粗化初始中值粒径与床面冲刷深度关系

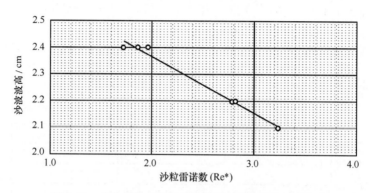

图 6.13 床沙粗化后沙粒雷诺数与床面沙波波高关系

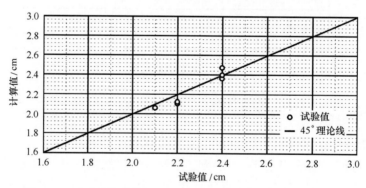

图 6.14 沙波波高水槽试验结果与张瑞瑾经验公式计算值比较

6.2.4 床面粗化层破坏的水力条件

所谓粗化层完全破坏的确定和判断，实际上是在当前某种动力条件下已形成较稳定且具有一定抗冲性粗化层的基础上，遭受更强的动力条件下使床面粗化层的泥沙恰好发生全沙起动和输移，床面上沙波微地貌趋于消亡的现象，床面高程降低，出露泥沙组成细化且不均匀的下覆层沉积物。显然这与床沙起动流速试验初时的普遍起动原理相类似，仅为泥沙起动水力条件的差异。表 6.9 为相关 4 组试验中所形成的粗化层破坏的试验结果。

表6.9 床沙粗化层破坏的试验结果

试验组次	中值粒径/μm	标准偏差	水深/cm	单宽流量
1	119	0.387	28.6	0.076 2
2	137	0.325	28.6	0.072 2
3	131	0.283	28.8	0.073 6
4	188	0.479	26.0	0.066 7

由表6.9和图6.15可见，河口海岸区域细颗粒床沙粗化层发生完全破坏时的水力条件与床沙发生普遍起动时的临界起动水力条件相似。因此，这里可以用基于普遍起动标准的窦国仁起动流速公式［式（6.8）］（窦国仁，1999），用于表达河口海岸区域细颗粒床沙粗化层破坏的水力条件。

$$U_c = 0.41\left(\ln 11\,\frac{h}{\Delta}\right)\left(\frac{d'}{d_*}\right)^{\frac{1}{6}}\sqrt{3.6\,\frac{\rho_s-\rho}{\rho}gD_{50}+\left(\frac{\gamma_0}{\gamma_{0*}}\right)^{2.5}\frac{\varepsilon_0+gh\delta(\delta/D_{50})^{0.5}}{D_{50}}} \quad (6.8)$$

式中，Δ 为底部糙率高度，γ_{0*}、γ_0 为床沙稳定、初始干容重，δ 为薄膜水厚度，h 为水深，$d_* = 10$ mm。

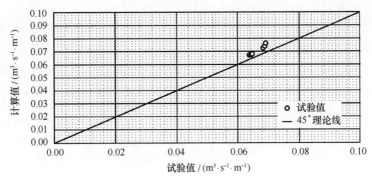

图6.15 粗化层破坏试验单宽流量与窦国仁公式预测值比较

6.2.5 床沙粗化的分步预报概念模式

基于水槽试验的结果，认为当床面发育沙波尺度趋于稳定时床沙粗化完成，此时的水力条件小于床沙普遍起动的临界起动条件，则可基于床面活动层沙量平衡关系，建立一个预报粗化级配和冲刷深度的简化概念模式。此外，由于床面冲刷形成粗化层是一个长时间的过程，不可能一蹴而就，随着粗化的发展，床面活动层级配不断发生变化，水流条件也会有所改变，需要随时在计算中加以调整，因而有必要将粗化过程分成一系列时间步，采用多步模式来进行计算。

因沙波是砂质床面的稳定形态，故将床面粗化活动层厚度采用沙波波高是较为合理的（秦荣昱和胡春宏，1997），这里在考虑粗化过程中床面活动层内级配逐渐变化并使活动层不断向下层发展的同时，活动层厚度亦因床沙颗粒级配和冲深变化而变化，假设每一计算时间步中只改变床面活动层级配、高程和活动层厚度，即床面活动层内每步冲刷掉的沙量由相应的下垫原始床沙来补充。

床沙粗化初始水深 $h^{(0)}$ 基于下式求解,

$$U_{* cr\_ max} = \frac{q}{205 h_{(0)} \ln\left(\frac{11 h^{(0)}}{k_b}\right)} \tag{6.9}$$

式中,床沙普遍起动临界摩阻流速 $U_{* cr\_ max}$ 基于式(6.8)求解。

第 n 步床面活动层厚度 $E^{(n)}$ 等于相应床沙、水动力条件下所发育沙波波高,这里基于张瑞谨经验公式求解,

$$E^{(n)} = \eta^{(n)} = \frac{0.086 q}{\sqrt{g h^{(n-1)}}} \left(\frac{h^{(n-1)}}{D_{50}^{(n-1)}}\right) \tag{6.10}$$

第 n 时间步水流底摩阻流速基于对数流速公式求解,

$$U_*^{(n)} = \frac{q}{205 h^{(n-1)} \ln\left(\frac{11 h^{(n-1)}}{k_b^{n-1}}\right)} \tag{6.11}$$

第 n 时间步开始时,单位床面活动层内第 k 粒级沙量为,

$$W_k^{(n)} = \begin{cases} \rho_s (1 - \varepsilon) \left[E^{(n)} p_{ak}^{(n-1)} + (E^{(n)} - E^{(n-1)}) p_{ak}^{(0)} \right], & E^{(n)} > E^{(n-1)} \\ \rho_s (1 - \varepsilon) E^{(n)} p_{ak}^{(n-1)}, & E^{(n)} \leqslant E^{(n-1)} \end{cases} \tag{6.12}$$

设床面活动层第 k 粒级泥沙的起动概率为 $\alpha_k^{(n)}$,则第 n 时间步内冲刷掉的该粒级泥沙质量可用下式表示,

$$G_k^{(n)} = W_k^{(n)} \alpha_k^{(n)} \tag{6.13}$$

这里采用孙志林等(2007)基于水槽试验结果构建的黏性非均匀沙起动概率公式估算第 k 粒级泥沙的起动概率为 $\alpha_k^{(n)}$,

$$\alpha_k^{(n)} = 1 - \frac{1}{\sqrt{2\pi}} \int_{x_1}^{x_2} \exp(-0.5 x^2) \, dx \tag{6.14}$$

式中,

$$\begin{cases} x_1 = -2.7\left(\sqrt{0.082\,2 \Psi_k} + 1\right), \\ \Psi_k = \frac{(\rho_s - \rho) g D_k}{\rho v_*^2 \varepsilon_k}\left(1 + \frac{F_{Ck}}{G_k}\right) \\ F_{Ck} = 0.04 \frac{\pi D_k^{(n)2}}{4}\left(\frac{\rho'_s}{\rho'_{s*}}\right)^3 \rho g \delta \sqrt{\frac{D_m^{(n)}}{D_k^{(n)}}} \frac{h^{(n)} + h_0}{D_k^{(n)}} \end{cases} \tag{6.15}$$

相应地,第 n 时间步内床面活动层内的总体冲刷量为

$$G^{(n)} = \sum_{k-1}^{m} G_k^{(n)} \tag{6.16}$$

第 n 时间步床面活动层泥沙冲刷百分数

$$f^{(n)} = \frac{G^{(n)}}{\rho_s (1 - \varepsilon) E^{(n)}} \tag{6.17}$$

从而第 n 步的冲刷深度为

$$\Delta h^{(n)} = E^{(n)} f^{(n)} \tag{6.18}$$

第 n 步床面活动层内冲刷后床沙颗粒级配

$$P_{ak}^{(n)} = \frac{W_k^{(n)} - G_k^{(n)}}{\sum\limits_{k=1}^{m} W_k^{(n)} - G_k^{(n)}} \times 100\% \tag{6.19}$$

若考虑冲刷过程中水位可能下降的影响,则实际水深的增加将小于床面冲刷深度。假定水位下降值正比于 $\Delta h^{(n)}$,比例系数 $c \in [0,1]$,则可求出第 n 时间步的水深条件:

$$h^{(n)} = h^{(n-1)} + (1-c)\Delta h^{(n-1)} \tag{6.20}$$

第 n 时间步完成后床面糙率高度

$$\lambda^{(n)} = \frac{\eta^{(n)}}{0.134} \tag{6.21}$$

$$k_{\text{skin}}^{(n)} = 2.5 D_{90}^{(n)} \tag{6.22}$$

$$k_{\text{sandwave}}^{(n)} = 27.7\eta^{(n)}(\eta^{(n)}/\lambda^{(n)}) \tag{6.23}$$

$$k_b^{(n)} = k_{\text{skin}}^{(n)} + k_{\text{sandwave}}^{(n)} \tag{6.24}$$

式 (6.9) ~式 (6.24) 中,

ε 为床沙孔隙率;

$E^{(n)}$ 为第 n 步床面活动层厚度;

$P_{ak}^{(0)} = P_{ok}$ 为原始级配;

$P_{ak}^{(n)}$ 为第 n 步活动层床沙级配;

$h^{(n)}$ 为第 n 步水深;

$\Delta h^{(n)}$ 为第 n 步床面冲刷深度;

U_{*cr_max} 为床沙普遍起动临界摩阻流速。

式 (6.9) ~(6.24) 构成了完整的细颗粒床沙粗化多步预报概念模式。利用该模式计算床面活动层泥沙级配和冲刷深度的具体步骤如下。

(1) 根据初始床沙和水流条件估算初始水流底摩阻流速 U_* 和床沙普遍动时临界起动摩阻流速 U_{*c},当 $U_* \geq U_{*c}$ 时,由式 (6.9) 估算床沙粗化时开始的水深。

(2) 由式 (6.10) ~(6.24) 分别计算第 n 步床面活动层内冲刷后床沙颗粒级配、冲刷水深、床面糙率高度、发育沙波尺度和活动层厚度等参数。

(3) 重复第 (2) 步,直至沙波波高变幅趋于 0,且 $U_* < U_{*c}$。

该模式一方面计算中取每步的冲刷百分数与分级起动概率及该步开始时床面活动层级配有关,能够反映粗化过程中冲刷量从而冲刷百分数呈不断减小的趋势;另一方面,引入动态沙波发育的物理机制,更为符合实际床沙粗化的物理过程。

基于床沙粗化分步预报模式,对水槽试验的预报计算结果绘于图 6.16。由图 6.16 可见,预报概念模式具有较好的精度。其中第 4 组次预报精度最高,而 1、2、3、5 和 6 组次则相应细颗粒组分冲刷预报结果偏高,这主要是由于一方面随着黏性细颗粒泥沙的增多,影响泥沙起动特性的因素趋于复杂,甚至出现细颗粒泥沙成团、成片起动情况,组分泥沙起悬量估算精度大大降低;另一方面,当黏性细颗粒泥沙含量占优时,床沙粗化过程呈现为绝大多数床面物质流失的长期缓慢过程,水槽试验再现该过程较为困难。这亦说明床沙粗化概化模式更适用于探讨黏性细颗粒泥沙不占明显优势的床面沉积物粗化现象。

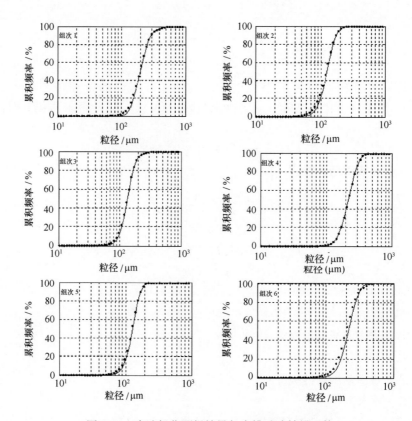

图 6.16　床沙粗化预报结果与水槽试验结果比较
（实线代表预报结果，点代表试验结果）

7 钓口河亚三角洲岸滩冲淤变化模拟

7.1 基于 EOF 方法的岸滩剖面变化模拟和预测

7.1.1 EOF 预测方法简介

在 5.1.3 节所述的 EOF 方法，可将地形剖面发育过程分解为空间函数 $e(x)$ 和时间函数 $c(t)$，$e(x) \times c(t)$ 值反映地形剖面整体冲淤变化。其中，空间函数 $e(x)$ 的分布显示了沿水深的变化特征，时间函数 $c(t)$ 显示了随着时间变化时段指数的波动。因此有某一年的特征函数，与空间函数相乘，就可以得到此年的地形剖面数据。通过 $c(t)$ 的内插，可以弥补缺失年份的地形剖面数据，对时间函数 $c(t)$ 进行预测，可实现对地形剖面变化的预测。

原始剖面数据矩阵为：

$$d = \begin{bmatrix} d_{11} & d_{12} & \cdots & d_{1n} \\ d_{21} & d_{22} & \cdots & d_{2n} \\ \vdots & \vdots & & \vdots \\ d_{m1} & d_{m2} & \cdots & d_{mn} \end{bmatrix} \tag{7.1}$$

空间函数矩阵为：

$$e = \begin{bmatrix} x_{11} & x_{12} & \cdots & x_{1q} \\ x_{21} & x_{22} & \cdots & x_{2q} \\ \vdots & \vdots & & \vdots \\ x_{n1} & x_{n2} & \cdots & x_{nq} \end{bmatrix} \tag{7.2}$$

时间函数矩阵为：

$$c = \begin{bmatrix} t_{11} & t_{12} & \cdots & t_{1q} \\ t_{21} & t_{22} & \cdots & t_{2q} \\ \vdots & \vdots & & \vdots \\ t_{m1} & t_{m2} & \cdots & t_{mq} \end{bmatrix} \tag{7.3}$$

m 为地形剖面数据的年数，n 为一条地形剖面的数据点个数；q 为特征函数个数，若取前 3 个特征函数来表示地形剖面变化，则 $q = 3$。

时间函数矩阵已包含了 m 个年份，若对 $m + i$ 年地形剖面进行预测，需将时间函数矩阵扩充为 $(m + i) \times q$，从而实现地形剖面变化的预测，其中时间函数预测使用最小二乘法的线性回归方法。

7.1.2 模拟和预测

对动态平衡型、强淤弱蚀型和弱淤强蚀型三类剖面分别进行预测，以 CS1、CS5 和 CS8 作为三类地形剖面做范例。首先利用 2002 年地形剖面恢复拟合进行模拟和预测验证（图 7.1a – c）。

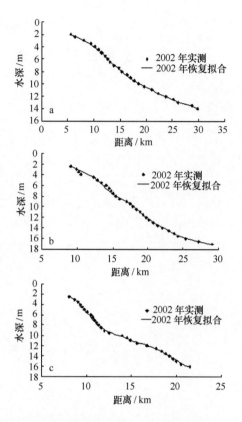

图 7.1 CS1 地形剖面（a）、CS5 地形剖面（b）和
CS8 地形剖面（c）2002 年恢复拟合

3 条地形剖面的恢复拟合结果与原始地形剖面吻合。说明通过对 EOF 分解时间函数能预测且能实现地形剖面变化的基本形态。对目标地形剖面 2005 年和 2008 年两个年份地形剖面变化形态预测，计算结果见图 7.2a – c。

CS1 地形剖面在 2002 年后将略有淤涨，总体上变化较小，地形剖面整体形态保持不变。强淤弱蚀型 CS5 地形剖面在 2002 年后依然保持上段冲下段淤的主要特征，其上段冲下段淤的转换深度在 6.0~8.0 m 左右。蚀退量自浅水向下段逐渐减小，深水区淤涨量越深越大。而弱淤强侵蚀型 CS8 地形剖面，浅水区的侵蚀量依然可观，最大蚀退水深在 6.0~8.0 m 左右，转换深度为 10.0 m 左右，深水区略有淤涨，但淤涨量比 CS5 地形剖面小。

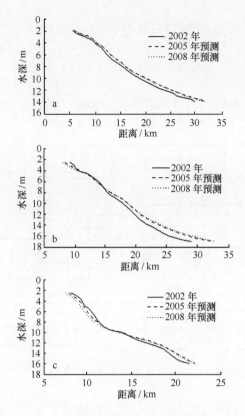

图 7.2　2005 年、2008 年 CS1 地形剖面（a）、CS5 地形剖面（b）和
CS8 地形剖面（c）预测

7.2　风暴潮作用下岸滩地形剖面冲淤数值模拟分析

　　侵蚀型三角洲岸滩及河口在经历了快速蚀退过程后，即转入相对稳定的动态调整阶段，相应潮流、波浪水动力条件下的床沙粗化过程即告完成，此时床面粗化层的抗冲性很大程度上代表了三角洲岸滩的整体抗冲刷能力，因此就其在高能水动力条件下的再发育过程开展研究，对于加深对三角洲岸滩及河口岸滩整体抗冲性的认识是十分必要的。

　　对三角洲岸滩及河口细颗粒床沙粗化层的形成和破坏水力条件进行了水槽试验研究和概化建模，但所构建的简化模型尚未考虑悬沙的沉降问题，仅适用于清水冲刷粗化条件，而对于高能水动力条件下的三角洲岸滩及河口床沙粗化层的破坏和再发育过程，悬沙的沉降和再悬浮问题显然是无法回避的，这一问题只能通过水动力模型耦合动床悬沙输移模型的方式加以解决。

　　以钓口河亚三角洲飞雁滩海域为例，基于 Mike21 模型（DHI，2007）构建一个风暴潮作用下三角洲岸滩水动力泥沙模型，并基于该模型对风暴潮作用下三角洲岸滩及床沙粗化过程进行数值模拟研究。

7.2.1 风暴潮作用下三角洲岸滩及床沙粗化模型构建[*]

7.2.1.1 模型结构

主要由流场模型、波浪模型、风暴潮增减水模型、波流相互作用模型、泥沙输运模型和动床模型组成（DHI，2007），模型流程结构如图 7.3 所示。

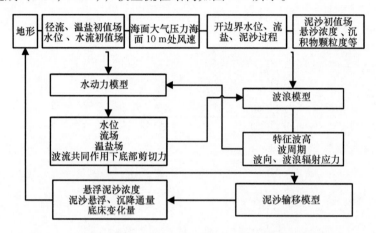

图 7.3 风暴潮作用下三角洲岸滩及动床水动力泥沙模型流程

其中，流场模型为 Mike21 Flow Model，波浪模型为 Spectral Wave Model，泥沙输移模型为 Mud Transport Model，风暴潮增减水、波流耦合作用以及全部模型的耦合均基于 Flow Model 进行。

7.2.1.2 Flow Model 原理（DHI，2007）

基本控制方程：

$$\frac{\partial h}{\partial t} + \frac{\partial h\bar{u}}{\partial x} + \frac{\partial h\bar{v}}{\partial y} = hS \tag{7.4}$$

$$\frac{\partial h\bar{u}}{\partial t} + \frac{\partial h\bar{u}^2}{\partial x} + \frac{\partial h\bar{v}\bar{u}}{\partial y} = f\bar{v}h - gh\frac{\partial \eta}{\partial x} - \frac{h}{\rho_0}\frac{\partial p_a}{\partial x} - \frac{gh^2}{2\rho_0}\frac{\partial \rho}{\partial x} + \frac{\tau_{sx}}{\rho_0} -$$

$$\frac{\tau_{bx}}{\rho_0} - \frac{1}{\rho}\left(\frac{\partial s_{xx}}{\partial x} + \frac{\partial s_{xy}}{\partial x}\right) + \frac{\partial}{\partial x}(hT_{xx}) + \frac{\partial}{\partial x}(hT_{xy}) + hu_s S \tag{7.5}$$

$$\frac{\partial h\bar{v}}{\partial t} + \frac{\partial h\bar{u}\bar{v}}{\partial x} + \frac{\partial h\bar{v}^2}{\partial y} = -f\bar{u}h - gh\frac{\partial \eta}{\partial y} - \frac{h}{\rho_0}\frac{\partial p_a}{\partial y} - \frac{gh^2}{2\rho_0}\frac{\partial \rho}{\partial y} + \frac{\tau_{sy}}{\rho_0} -$$

$$\frac{\tau_{by}}{\rho_0} - \frac{1}{\rho_0}\left(\frac{\partial s_{yx}}{\partial y} + \frac{\partial s_{yy}}{\partial x}\right) + \frac{\partial}{\partial x}(hT_{xy}) + \frac{\partial}{\partial y}(hT_{yy}) + hv_s S \tag{7.6}$$

方程中，t 为时间；x、y、z 为右手 Cartesian 坐标系；η 为水面相对于未扰动水面的高度即通常所说的水位；h 为静止水深；u、v、w 分别为流速在 x、y、z 方向上的分量；p_a 为当地

---

[*] 本节计算内容由中交集团上海航道勘察设计研究院提供技术支持。

大气压；ρ 为水密度，ρ_0 为参考水密度；$f = 2\Omega\sin\phi$ 为 Coriolis 力参数（其中，$\Omega = 0.729 \times 10^{-4}s^{-1}$ 为地球自转角速率，ϕ 为地理纬度）；$f\bar{v}$ 和 $f\bar{u}$ 为地球自转引起的加速度；s_{xx}、s_{xy}、s_{yx}、s_{yy} 为辐射应力分量；T_{xx}、T_{xy}、T_{yx}、T_{yy} 为水平黏滞应力项；S 为源汇项；（u_s，v_s）为源汇项水流流速。

相应参数处理：

认为底部切应力 $\vec{\tau}_b = (\tau_{bx}, \tau_{by})$ 符合二次摩擦定律，则有：

$$\vec{\tau}_b = \rho_0 c_f \vec{u}_b |\vec{u}_b| \tag{7.7}$$

式中，$\vec{u}_b = (u_b, v_b)$ 为水流近底流速，c_f 为水流拖曳系数，则可由曼宁公式推得：

$$c_f = \frac{g}{(Mh^{1/6})^2} \tag{7.8}$$

认为风应力 $\vec{\tau}_s = (\tau_{sx}, \tau_{sy})$ 亦符合二次摩擦定律，则有：

$$\vec{\tau}_s = \rho_a c_d \vec{u}_w |\vec{u}_w| \tag{7.9}$$

式中，$\vec{u}_w = (u_w, v_w)$ 为距水面 10 m 风速，ρ_a 为空气密度，c_d 为空气拖曳系数，基于经验公式表达（Wu，1980，1998），

$$c_d = \begin{cases} c_a & w_{10} < w_a \\ c_a + \dfrac{c_b - c_a}{w_b - w_a}(w_{10} - w_a) & w_a \leqslant w_{10} < w_b \\ c_b & w_{10} \geqslant w_b \end{cases} \tag{7.10}$$

式中，c_a、c_b、w_a 和 w_b 为经验系数，w_{10} 为距水面 10 m 风速。

计算方法：

模型求解采用非结构网格中心网格有限体积法求解，其优点为计算速度较快，非结构网格可以拟合复杂地形。

对计算区域内滩地干湿过程，采用水位判别法处理，即当某点水深小于一浅水深 $\varepsilon_{\mathrm{dry}}$（如，0.1 m）时，令该处流速为零，滩地露出，当该处水深大于 $\varepsilon_{\mathrm{flood}}$（如，0.2 m）时，参与计算，潮水上滩。

7.2.1.3 Mud Transport Model 原理（DHI，2008）

Mike21 中泥沙输移计算由三部分组成，水动力基于 FM 模型提供，悬沙平流扩散由 AD 模块完成，泥沙沉降和悬浮过程以及床面变形过程在 MT 模块中实现，且在 MT 模块中将黏性泥沙和非黏性泥沙区别处理。计算流程如图 7.4 所示。

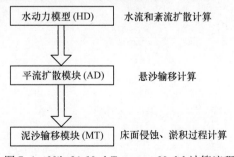

图 7.4　Mike21 Mud Transport Model 计算流程

基本控制方程：

平流扩散方程

$$\frac{\partial \bar{c}}{\partial t} + u \frac{\partial \bar{c}}{\partial x} + v \frac{\partial \bar{c}}{\partial y} =$$

$$\frac{1}{h} \frac{\partial}{\partial x} \left(hD_x \frac{\partial \bar{c}}{\partial x} \right) + \frac{1}{h} \frac{\partial}{\partial y} \left(hD_y \frac{\partial \bar{c}}{\partial y} \right) + Q_L C_L \frac{1}{h} - S \qquad (7.11)$$

式中，$\bar{c}$ 为垂线平均含沙量，单位 kg/m^3；D_x、D_y 为泥沙扩散系数，单位 m^2/s；S 为床沙侵蚀或淤积速率，单位 $kg/(m^3 \cdot s)$；Q_L 为泥沙输入源强，单位 $m^3 \cdot s^{-1} \cdot m^{-2}$；$C_L$ 为泥沙输入源强中的含沙量，单位 kg/m^3。

相应参数处理：

就黏性泥沙而言，床面淤积速率基于 Krone 公式计算，

$$S_D = W_s C_b P_d \qquad (7.12)$$

式中，W_s 为泥沙沉速，单位 m/s；C_b 为近底含沙量，单位 kg/m^3；P_d 为床沙淤积概率，认为与水流有效切应力呈正相关关系，即：

$$p_d = 1 - \frac{\tau_b}{\tau_{cd}}, \qquad \tau_b \leqslant \tau_{cd} \qquad (7.13)$$

式中，τ_b、τ_{cd} 分别为水流底部切应力和床沙临界淤积切应力。

就黏性泥沙而言，考虑床沙固结程度的床面侵蚀速率基于 Mehta 等（1989）公式估算，对于固结黏性床沙有：

$$S_E = E \left(\frac{\tau_b}{\tau_{ce}} - 1 \right)^n, \qquad \tau_b > \tau_{ce} \qquad (7.14)$$

式中，E 为经验系数，单位 $kg/(m^2 \cdot s)$；τ_{ce} 为床沙临界侵蚀切应力，n 为经验常数。

对于未固结黏性床沙侵蚀速率有：

$$S_E = E \exp[\alpha(\tau_b - \tau_{ce})^{0.5}], \qquad \tau_b > \tau_{ce} \qquad (7.15)$$

式中，α 为经验系数，单位 $m/N^{0.5}$。

对于非黏性泥沙而言，床沙淤积速率基于下式表达，

$$S_d = -w_s \left(\frac{\bar{c}_e - \bar{c}}{h_s} \right), \qquad \bar{c}_e < \bar{c} \qquad (7.16)$$

非黏性床沙侵蚀速率基于下式表达，

$$S_e = -w_s \left(\frac{\bar{c}_e - \bar{c}}{h_s} \right), \qquad \bar{c}_e > \bar{c} \qquad (7.17)$$

床面变形基于下式计算，

$$Bat^{(n+1)} = Bat^{(n)} + netsed^{(n)} \qquad (7.18)$$

$$netsed^{(n)} = \sum_{i=1}^{m} (D^{i(n)} - E^{i(n)}) \Delta t \qquad (7.19)$$

7.2.1.4　Spectral Wave Model 原理（DHI，2007）

控制方程：

MIKE 21 SW 基于波作用守恒方程，采用波作用密度谱 $N(\sigma, \theta)$ 来描述波浪。模型的

自变量为相当波频波 σ 和波向 θ。波作用密度与波能谱密度 $E(\sigma,\theta)$ 的关系为：

$$N(\sigma,\theta) = E(\sigma,\theta)/\sigma \tag{7.20}$$

式中，σ 为相当频率，θ 为波向。

在笛卡尔坐标系下，波作用守恒方程可以表示为：

$$\frac{\partial N}{\partial t} + \nabla(\vec{V}N) = \frac{S}{\sigma} \tag{7.21}$$

$$\bar{v} = (c_x, c_y, c_\sigma, c_\theta) \tag{7.22}$$

式中，$\bar{v}$ 为波群速度；c_x，c_y 分别表示波作用在地理空间 $(x，y)$ 中传播时的变化；c_σ 表示由于水深和水流变化造成的相对频率的变化；c_θ 表示由水深和水流引起的折射；S 为能量平衡方程中以谱密度表示的源函数。

式（7.25）中传播速度均采用线性波理论计算：

$$c_x = \frac{\mathrm{d}x}{\mathrm{d}t} = \frac{1}{2}\Big[1 + \frac{2kd}{\sinh(2kd)}\Big]\frac{\sigma k_x}{k^2} + U_x \tag{7.23}$$

$$c_y = \frac{\mathrm{d}y}{\mathrm{d}t} = \frac{1}{2}\Big[1 + \frac{2kd}{\sinh(2kd)}\Big]\frac{\sigma k_y}{k^2} + U_y \tag{7.24}$$

$$c_\sigma = \frac{\mathrm{d}\sigma}{\mathrm{d}t} = \frac{\mathrm{d}\sigma}{\partial d}\Big[\frac{\partial d}{\partial t} + U \cdot \nabla d\Big] - c_g k \cdot \frac{\partial U}{\partial s} \tag{7.25}$$

$$c_\theta = \frac{\mathrm{d}\theta}{\mathrm{d}t} = \frac{1}{k}\Big[\frac{\partial \sigma}{\partial d}\frac{\partial d}{\partial m} + k\frac{\partial U}{\partial m}\Big] \tag{7.26}$$

式中，d 为水深；$\bar{U}$ 为流速，$\bar{U} = (U_x, U_y)$；$k = (k_x, k_y)$ 为波数；s 为沿 θ 方向空间坐标；m 为垂直于 s 的坐标。

在球面坐标系下，

$$\bar{N}\mathrm{d}\sigma\mathrm{d}\theta\mathrm{d}\phi\mathrm{d}\lambda = N\mathrm{d}\sigma\mathrm{d}\theta\mathrm{d}x\mathrm{d}y \tag{7.27}$$

$$\bar{N} = NR^2\cos\phi = \frac{ER^2\cos\phi}{\sigma} \tag{7.28}$$

式中，R 为地球半径；ϕ 为纬度；λ 为经度。

波作用守恒方程的形式为：

$$\frac{\partial \bar{N}}{\partial t} + \frac{\partial}{\partial \varphi}C_\varphi\bar{N} + \frac{\partial}{\partial \lambda}C_\lambda\bar{N} + \frac{\partial}{\partial \sigma}C_\sigma\bar{N} + \frac{\partial}{\partial \theta}C_\theta\bar{N} = \frac{\bar{S}}{\sigma} \tag{7.29}$$

式中，$\bar{S}$ 为总的源函数，$\bar{S}(\bar{x},\sigma,\theta,t) = SR^2\cos\phi$。传播速度的 4 个分量分别为：

$$c_\varphi = \frac{\mathrm{d}\varphi}{\mathrm{d}t} = \frac{c_g\cos\theta + u_\varphi}{R} \tag{7.30}$$

$$c_\lambda = \frac{\mathrm{d}\lambda}{\mathrm{d}t} = \frac{c_g\sin\theta + u_\lambda}{R\cos\varphi} \tag{7.31}$$

$$
\begin{aligned}
c_\sigma = \frac{\mathrm{d}\sigma}{\mathrm{d}t} = \frac{\partial \sigma}{\partial d}\Big[&\frac{\partial d}{\partial t} - \frac{d}{R}\Big(\frac{1}{\cos\theta}\frac{\mathrm{d}u_\lambda}{\partial \lambda} + \frac{\mathrm{d}u_\phi}{\partial \phi} - u_\phi\tan\phi\Big)\Big] - \\
\frac{kc_g}{R}\Big[&\cos\theta\Big(\sin\theta\frac{\mathrm{d}u_\lambda}{\mathrm{d}_\phi} + \cos\theta\frac{\mathrm{d}u_\phi}{\mathrm{d}_\phi}\Big) + \frac{\sin\theta}{\cos\phi}\Big(\sin\frac{\mathrm{d}u_\lambda}{\mathrm{d}_\lambda} + \cos\theta\frac{\mathrm{d}u_\phi}{\mathrm{d}_\lambda}\Big)\Big] \\
&- \cos\theta\tan\phi(u_\lambda\sin\phi + u_\phi\cos\theta)
\end{aligned}
\tag{7.32}
$$

$$c_\theta = \frac{\mathrm{d}\theta}{\mathrm{d}t} = \frac{c_g \sin\theta \tan\phi}{R} + \frac{1}{Rk}\frac{\partial\sigma}{\partial d}\left(\sin\theta\,\frac{\partial d}{\partial\phi} - \frac{\cos\theta}{\cos\phi}\frac{\partial d}{\partial\lambda}\right) +$$

$$\frac{\sin\theta}{R}\left(\sin\theta\,\frac{\partial u_\lambda}{\partial\phi} + \cos\theta\,\frac{\partial u_\phi}{\partial\phi}\right) - \frac{\cos\theta}{R\cos\phi}\left(\sin\frac{\partial u_\lambda}{\partial\lambda} + \cos\frac{\partial u_\phi}{\partial\lambda}\right) \tag{7.33}$$

源函数项描述了各种物理现象的源函数的叠加：

$$S = S_{in} + S_{nl} + S_{ds} + S_{bot} + S_{surf} \tag{7.34}$$

式中，S_{in} 为风输入的能量；S_{nl} 为波与波之间的非线性作用引起的能量损耗；S_{ds} 为由白帽作用引起的能量损耗；S_{bot} 为底摩阻引起的能量损耗；S_{surf} 为由于水深变化引起的波浪破碎产生的能量损耗；SW 模型中相应参数处理方法，参考相应用户手册。

7.2.1.5 波流共同作用底边界层模型原理（DHI，2007）

波流共同作用下的底边界层水力条件基于 Soulsby 改进过的 Fredsoe 近底边界层模型（Soulsby et al.，1993）求解波流共同作用下的平均底部切应力 τ_{cw}。

$$\frac{\tau_{cw}}{\tau_c + \tau_w} = \frac{\tau_c}{\tau_c + \tau_w}\left(1 + b\left(\frac{\tau_c}{\tau_c + \tau_w}\right)^p\left(1 - \frac{\tau_c}{\tau_c + \tau_w}\right)^q\right) \tag{7.35}$$

式中，τ_c 为纯水流作用产生的底部切应力；τ_w 为纯波浪作用产生的底部切应力；b，p，q 为波流耦合作用系数。

纯水流作用下的底部切应力 τ_c 基于下式计算：

$$\tau_c = \frac{1}{2}\rho f_c V^2 \tag{7.36}$$

式中，ρ 为水体密度；f_c 为水流阻力系数；V 为水流流速。

纯水流作用下的阻力系数 f_c 基于下式计算：

$$f_c = 2\left(2.5\left(\ln\left(\frac{30h}{k}\right) - 1\right)\right)^{-2} \tag{7.37}$$

式中，h 为水深；k 为床面糙率长度。

纯波浪作用下的底部切应力 τ_w 基于下式计算：

$$\tau_w = \frac{1}{2}\rho f_w U_b^2 \tag{7.38}$$

式中，f_w 为波浪阻力系数；U_b 为波浪近底最大轨迹速度。

波浪近底最大轨迹速度 U_b 基于下式计算：

$$U_b = \frac{2H_s}{T}\frac{1}{\sinh\left(\frac{2\pi}{L}h\right)} \tag{7.39}$$

式中，H_s，T 为有效波高、波周期；L 为波长，h 为水深。

波浪阻力系数 f_w 基于 Swart 方法求解：

$$f_w = \begin{cases} 0.47, & \dfrac{a}{k} \leqslant 1 \text{ 或 } \dfrac{a}{k} > 3\,000 \\[2mm] \exp\left(5.213\left(\dfrac{a}{k}\right)^{-0.194} - 5.977\right), & 1 < \dfrac{a}{k} \leqslant 3\,000 \end{cases} \tag{7.40}$$

式中，a 为波浪作用下水质点近底最大水平运动距离；k 为床面糙率长度。

$$a = \frac{H_s}{\pi} \frac{1}{\sinh\left(\frac{2\pi}{L}h\right)} \quad (7.41)$$

波长基于下式计算：

$$L = \frac{gT^2}{2\pi}\left(\tanh\left(\frac{2\pi}{T}\sqrt{\frac{h}{g}}\right)^{1.5}\right)^{1.5} \quad (7.42)$$

波流耦合作用系数 b，p，q 基于式（7.43）计算：

$$\begin{cases} b = 0.29 + 0.55\,|\cos\gamma|^3 - (0.10 + 0.14\,|\cos\gamma|^3)\log_{10}\left(2\frac{f_w}{f_c}\right) \\ p = -0.77 + 0.10\,|\cos\gamma|^3 + (0.27 + 0.14\,|\cos\gamma|^3)\log_{10}\left(2\frac{f_w}{f_c}\right) \\ q = 0.91 + 0.25\,|\cos\gamma|^3 + (0.50 + 0.45\,|\cos\gamma|^3)\log_{10}\left(2\frac{f_w}{f_c}\right) \end{cases} \quad (7.43)$$

式中，γ 为波向与水流流向的夹角。

7.2.2 模型设置

7.2.2.1 模型计算区域及网格

考虑到研究区域风浪生成的风区较长，计算区域包括整个渤海湾，外海开边界位置位于烟台芝罘岛至大连老虎滩一线，计算区域及网格配置如图7.5、图7.6所示，网格采用非结构三角网格，黄河三角洲近岸海域网格加密。网格节点数8 289个，网格数为14 967，网格最小67 m，最大4 800 m，时间步长30 s。

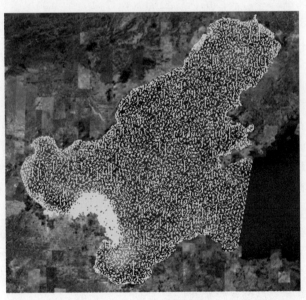

图7.5　模型网格配置

图 7.6　黄河三角洲近岸海域局部网格配置

7.2.2.2　模型参数设置

模型基于 2004 年 4 月 15—29 日飞雁滩海域 6 站实测水文泥沙资料进行验证。风暴潮模拟时间为 2004 年 9 月 10—20 日，期间渤海湾发生过一次温带风暴潮过程。

模型的初始条件涉及水位和流速以及盐度、泥沙的初始值。由于水位和流速对外界动力响应较快，初值均取为零。本区的流场是潮流和径流、密度流以及风生流的综合。外海开边界潮流通过给定水位变化方式驱动，开边界水位由大连老虎滩和烟台芝罘岛一线调和常数基于下式（7.44）预报给出

$$\zeta = \sum_{i=1}^{m} f_i H_i \cos\left[w_i t + (V + u)_i - g_i \right] \tag{7.44}$$

黄河入海径流量采用利津站实测流量。

模型中计算风暴潮增减水以及风浪所需的风场和大气强迫输入均采用国际上成熟的气象数值后报产品。其中海面以上 10 m 处风场输入采用精度为 0.5 度的 QSCAT/NCEP 风场数据，海面大气压力输入采用 T62 高斯网格下精度约为 2 度的 NCEP/NCAR 再分析大气压力场数据，这些数值后报产品的可靠性已为诸多应用实例所验证（葛建忠等，2007；Cox et al.，1998）。

模型中底摩擦系数采用 Manning 系数公式给出，预设 Manning 系数取值公式为：$M = 0.015 + 0.01/\mathrm{abs}$（Water Depth），在模式调试中则根据不同位置的底质稍作微调。

盐度初始场：因本书研究重点关注区域为飞雁滩亚三角洲近岸海域，而黄河入海泥沙及淡水显著影响北界不会越过黄河海港，故为简化计算过程起见，这里将研究区域盐度作定常处理。

泥沙初值场：因缺乏大面积渤海湾泥沙实测资料，这里采用试算结果中潮周期平均值作为泥沙初值场输入。

模型中床沙临界起动流速基于 6.2 节所述水槽试验结论,采用张瑞瑾公式表达。

此外,因物理硬件计算能力的限制,这里将模拟区域床沙概化为均一底质。即模拟区域内床面泥沙颗粒级配相同,且因研究重点区域为飞雁滩海域,故这里将床面活动层内泥沙组成分为 3 个组分(砂、粉砂、黏土)表达,各组分百分含量取飞雁滩海域床沙平均情况,分别为砂质(0.063 ~ 2 mm)占 44%,粉砂质(0.008 ~ 0.063 mm)占 44.3%,黏土质(小于 0.008 mm)占 11.7%。

7.2.3 模型验证

对构建的二维模式的潮汐、潮流和悬沙进行率定检验。通过所收集的 5 个均匀分布于渤海湾的验潮站潮汐表预报潮位、飞雁滩海域 6 站实测水深、流速和流向资料进行潮位、潮流率定验证,使得模型能较精确地模拟和预报天文潮;引入国际上已公认较为成功可靠的风场和大气强迫再分析结果耦合入波浪、水流模型以模拟渤海湾风暴潮水动力场,在成功模拟渤海湾流场的基础上对飞雁滩海域泥沙输运及岸滩剖面变化进行模拟计算,初步揭示风暴潮作用下飞雁滩海域床沙粗化过程及其岸滩剖面变化规律。

模拟结果表明,所构建的模型可以较为合理地反映渤海湾实际流场和悬沙场的变化特征,可以应用于后续实际工程和研究的预报模拟。

7.2.3.1 潮汐验证

首先对渤海湾模拟区域内的天文潮波进行数值模拟。在模型计算开始 10 天后,流场已趋于稳定,继续计算 1 个月,然后提取各验潮站位置的模拟潮位与潮汐表潮位进行比较验证,并基于最小二乘法对各网格点 O_1、K_1、M_2、S_2 四个主要分潮和 M_4、M_{S4} 两个浅水分潮进行调和分析。

图 7.7 和图 7.8 为 2004 年 4 月各验潮站计算潮位值与预报潮位值以及计算水深值与实测水深的对比结果。图 7.9—图 7.14 为模拟所得 6 个调和分潮的同潮图。从验证结果来看,各站的计算值与预报值以及野外实测值吻合良好,无潮点的推算结果亦与实测值(刘爱菊和李坤平,1991)吻合良好,模型较好地模拟了渤海天文潮的变化过程。

由模拟所得各分潮同潮图(图 7.9 至图 7.14)可见,黄海潮波进入渤海湾以后受半封闭海岸阻隔,产生反射潮波,且由于渤海南部特定的地理形态和水深状况,入射潮波与反射潮波相互叠加构成潮波节点,从而产生无潮区,渤海内 M_2、S_2 分潮无潮区共有两个:一个位于秦皇岛东面,另一个位于渤海湾至莱州湾之间;此外,渤海海峡附近亦存在一个 K_1、O_1 分潮无潮区,飞雁滩海域则正处于 M_2、S_2 分潮无潮区和 K_1 分潮波腹附近,故该海区半日潮差较小,全日潮差由东北海峡区向西南渐次增大,其变幅亦较小,故良好天气条件下,水位高度取决于天文潮位但潮差不大。

7.2.3.2 流场验证

基于飞雁滩海域实测 6 站点潮流资料进行潮流场验证,验证结果列于图 7.15,模拟所得涨落潮过程流速空间分布绘于图 7.16 和图 7.17。

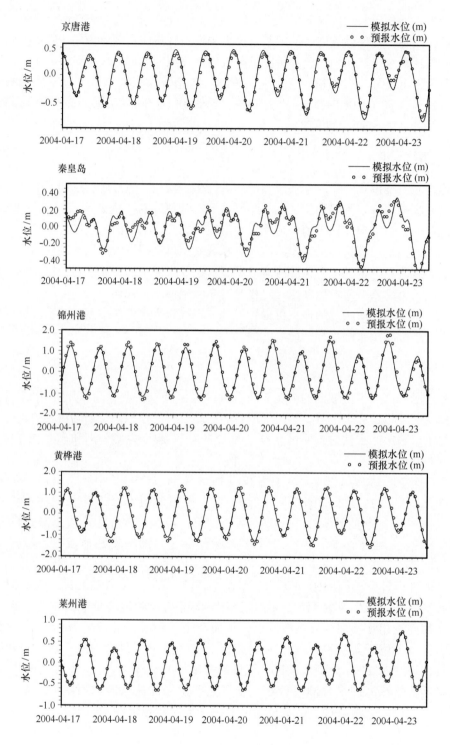

图 7.7 2004 年 4 月 17—23 日 5 站水位验证

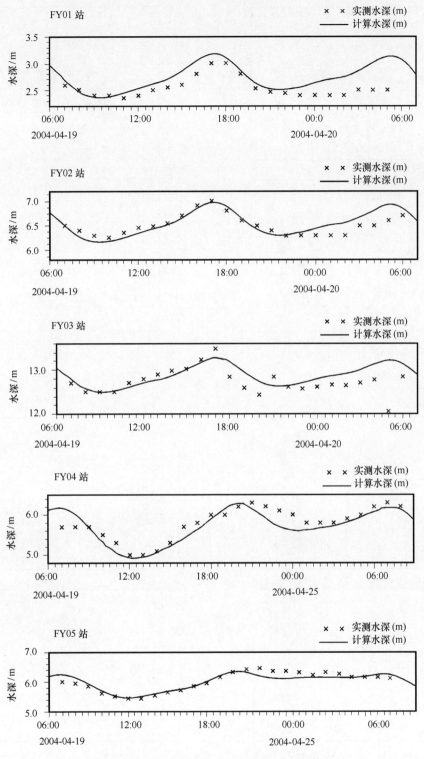

图 7.8　2004 年 4 月 19—25 日实测 5 站水深验证

FY01 ~ FY05 测站位置分别对应图 3.1 中 A ~ E 测站，下同

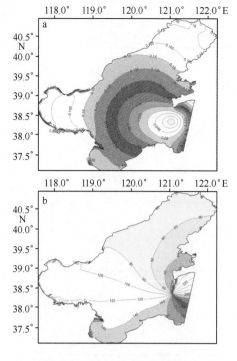

图 7.9 O₁ 分潮同潮图

a 为等振幅图，b 为同潮时图

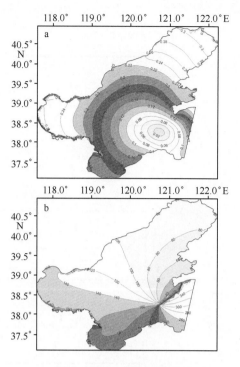

图 7.10 K₁ 分潮同潮图

a 为等振幅图，b 为同潮时图

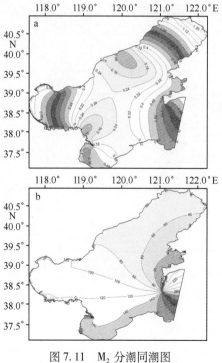

图 7.11 M₂ 分潮同潮图

a 为等振幅图，b 为同潮时图

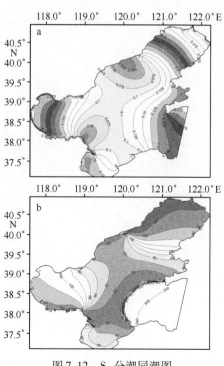

图 7.12 S₂ 分潮同潮图

a 为等振幅图，b 为同潮时图

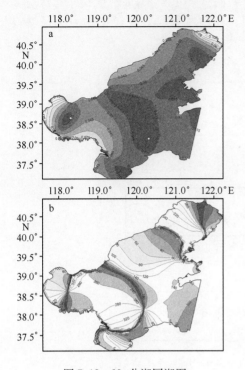

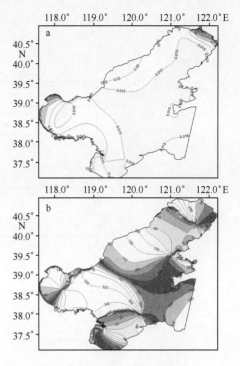

图 7.13 M₄ 分潮同潮图

a 为等振幅图，b 为同潮时图

M₄ 分潮等振幅图中方框标记点为实测无潮点

位置（刘爱菊，李坤平，1991）

图 7.14 MS₄ 分潮同潮图

a 为等振幅图，b 为同潮时图

由图 7.15 可见，除位于桩 106 码头墩台处的岸站 FY00 外，其余站点实测潮流流速流向与模拟吻合良好。

由图 7.16 和图 7.17 可见，飞雁滩海域水流明显受地形约束，涨落潮流流向与岸线走向基本一致。且由于突出的飞雁滩亚三角洲和入海口沙嘴的存在，挑流作用显著，加之位于无潮点附近，黄河海港以北和现行黄河入海口以东近岸海域明显存在一强流速区，相应垂线平均流速可达 0.85 m/s。

7.2.3.3 泥沙场验证

模型对 2004 年 4 月 15—29 日对分布于飞雁滩海域的 5 个测站悬沙浓度过程进行了验证，验证结果绘于图 7.18。其中，FY01、FY02、FY03 测站测量期间风浪作用明显，海面存在波高 0.4 m、波周期 5 s、波向 180°的波浪，故对 FY01、FY02、FY03 测站含沙量的模拟验证时亦考虑了风浪作用，模型中叠加正常波高 0.4 m、波周期 8 s，S 向波浪，而 FY04、FY05 站测验期间，天气状况良好，水动力作用仅为潮流作用。由图 7.18 可见，模型计算值与实测值吻合程度较好，基本可以反映相应泥沙输移规律。

在天文潮验证结果良好后，基于再分析风场和气压场数据模型，模拟了 2004 年 9 月中旬发生于渤海湾的一次温带风暴潮过程。因风暴潮发生期间，野外测验极为困难，故相应验证资料缺乏，这里仅基于该次风暴潮期间天津港验潮站实测水位进行风暴潮水位的验证，验证结果绘于图7.19。结果表明，模型可以较好地模拟渤海湾风暴潮增减水过程。

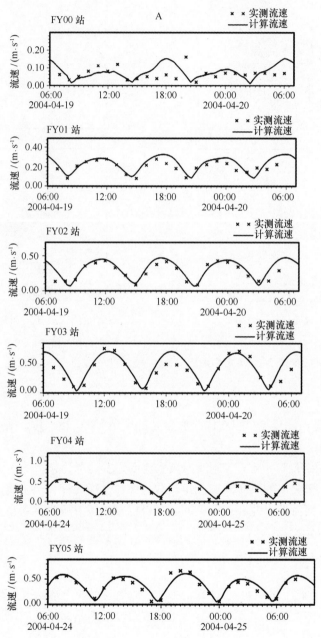

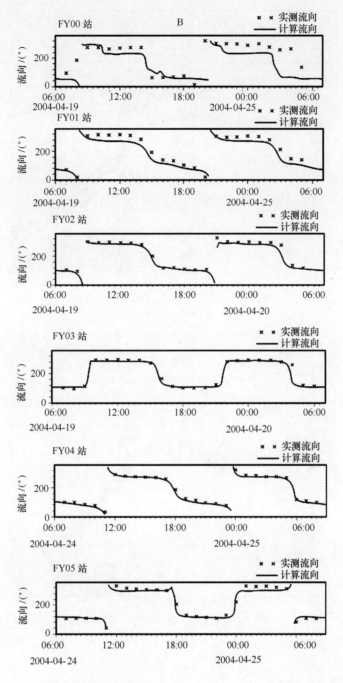

图 7.15 飞雁滩海域实测潮流流速（A）、流向（B）与模拟计算结果比较

FY00 测站位置对应图 3.1 中 F 测站

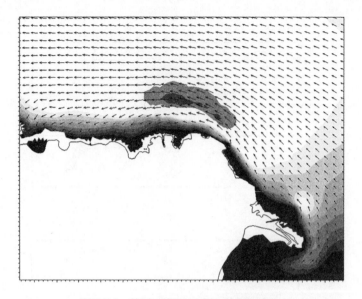

图 7.16　黄河三角洲近岸海域涨潮流场

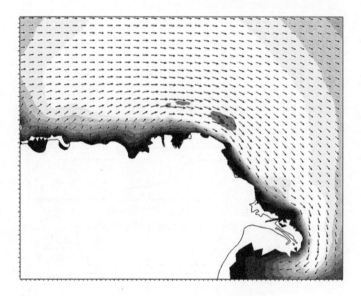

图 7.17　黄河三角洲近岸海域落潮流场

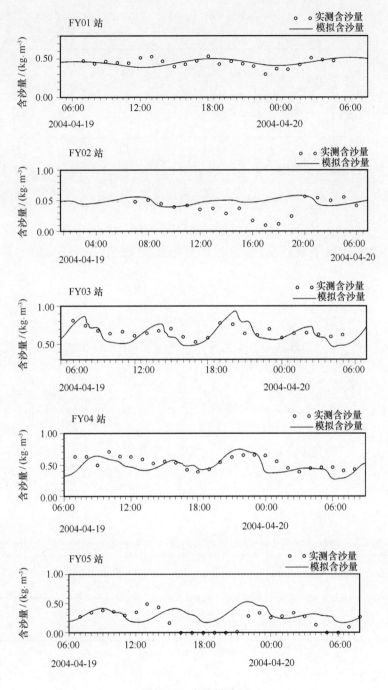

图 7.18　含沙量验证

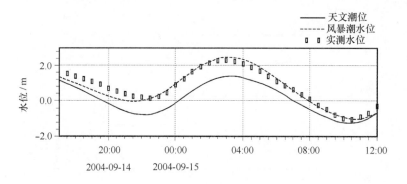

图 7.19　天津港风暴潮水位验证比较

7.2.4　风暴潮作用下黄河三角洲近岸海域动力场

7.2.4.1　增减水过程

2004 年 9 月 13 日 "0421" 号台风——"海马" 登陆后减弱成为低气压，在北上过程中逐渐加强变性为孤立的气旋。受其影响，鲁冀京津等地出现了大范围的暴雨天气，渤海海面出现了 8 级左右的偏东和西南大风，2004 年 9 月 14 日 20：00 台风登陆减弱后的气旋位于山东半岛青岛附近，气旋强度增强，中心气压为 1 007.5 hPa，此时渤海海面有东北风 6 级（表 7.1），在向岸风作用下，14 日 17：00—20：00 时增水高度逐渐增加，但小于 40 cm。至 2004 年 9 月 15 日 02：00，气旋跳跃式地迅速北上，移动速度约为 10 m/s，此时气旋中心位于黄河口附近，气旋中心气压降至 1 002.5 hPa（易笑园等，2006），在持续 6 h 的偏东大风（莱州湾的风力达 8~9 级，阵风 11 级）的作用下，风应力使海水向渤海西岸堆集，造成由飞雁滩海域至天津港最大增水幅度由 0.49 m 逐渐增大至 1.23 m。

表 7.1　2004 年 9 月 14—15 日飞雁滩海域风向风速实况（易笑园等，2006）

时间	14 日 20：00	14 日 23：00	15 日 02：00	15 日 05：00	15 日 08：00	15 日 11：00	15 日 15：00
风向	NNE	E	WSW	WSW	SSW	SSW	S
风速/ $(m \cdot s^{-1})$	12	13	20	17	10	11	6

模拟计算结果表明（图 7.20），2004 年 9 月 15 日 5：30 飞雁滩海域增水达到最高，适逢天文潮的高潮位，最高增水值达 0.49 m。且因此次风暴潮强度较低，增减水过程曲线初振、余振不显著，激振部分变化曲线比较平滑，无明显的潮周期波动现象，这主要因该海域潮差较小，潮汐影响相对较弱加之强风作用时间短，使得天文潮与风暴潮的非线性耦合作用不显著。此外，由于渤海半封闭特性，飞雁滩海域风暴潮过程表现为先增水后减水的惯性振荡特性。

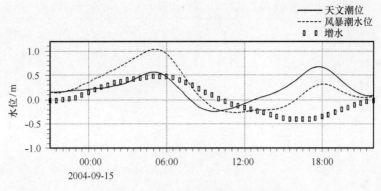

图 7.20　桩西验潮站增减水过程模拟

7.2.4.2　波浪场

实测风暴潮过程中，大风作用时间较短，且因渤海封闭地貌特征的影响，飞雁滩海域波浪以风浪为主，受偏东大风控制，该区域风浪浪向介于 80°~100°，以正东为主。

随着风速的增大，2004 年 9 月 15 日 3 时飞雁滩海域风浪成长至最大，由图 7.21、图 7.22 可见，在深水区域最大有效波高达 3.51 m，水深约 13 m 的 FY03 站处最大有效波高可达 2.46 m，随着水深的变浅，波浪衰减显著，FY02 站（水深 7 m）、FY01 站（水深 3 m）处最大有效波高分别为 1.83 m、1.29 m。其后，随着风速的迅速减小，飞雁滩海域风浪亦迅速减小至 0.5 m 以下。

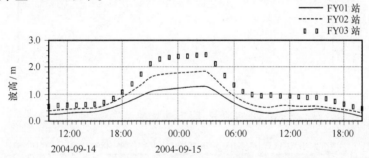

图 7.21　FY01、FY02 和 FY03 站位处风暴潮期间有效波高模拟

计算结果表明（图 7.23 ~ 7.26），近岸增水及风生流作用与潮流耦合后，会导致实际流速强于天文潮所致水流流速。本次风暴潮过程中，飞雁滩海域混合流场变化呈现出涨落潮流增幅较大区域与天文潮所致大流速区相一致的特点，流速明显增强区域在涨潮时位于近岸水域，而落潮时则位于远岸深水区。具体表现为：涨潮时适逢风暴潮强度较大时段，故飞雁滩海域在本次风暴潮过程中涨急流速增幅最大，在其西侧最大增幅达 0.32 m/s，飞雁滩近岸则最大达 0.25 m/s，远岸的深水区域因偏离强潮流区，增幅偏小，仅为 0.14 m/s，且近岸流速增幅与水深关系不大。至落急时刻（15 日 7：30），强风过程已大幅减弱，但增水过程仍在继续，相应落潮流速变化量亦较涨急时刻相对偏小，流速增大的主要区域为飞雁滩以北的深水区域，增幅最大为 0.19 m/s。

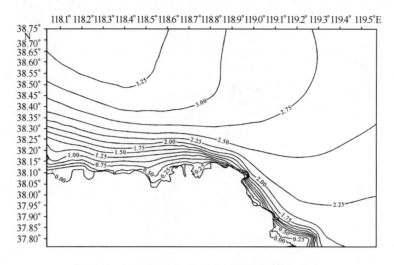

图 7.22　2004 年 9 月 15 日 3 时风浪场模拟（m）

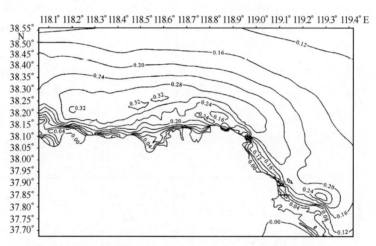

图 7.23　风暴潮期间涨急流速与天文潮流速差值空间分布（m/s）

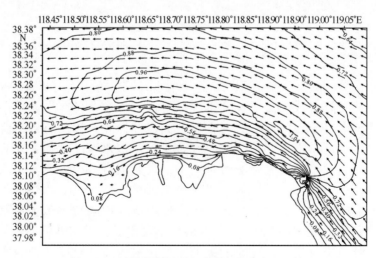

图 7.24　风暴潮期间涨急流速空间分布（m/s）

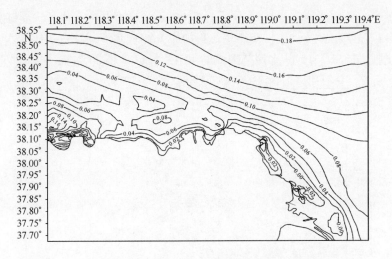

图 7.25　风暴潮期间落急流速与天文潮流速差值空间分布（m/s）

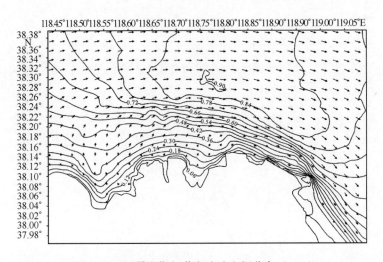

图 7.26　风暴潮期间落急流速空间分布（m/s）

7.2.5　风暴潮作用下钓口河亚三角洲海域床沙粗化过程

7.2.5.1　床面冲淤变化空间分布

将飞雁滩海域风暴潮强度最大时刻（15 日 2：00）和风暴潮结束一天后的床面侵蚀状况分别绘于图 7.27 和图 7.28。结果表明：风暴潮过程中，飞雁滩近岸海域整体处于侵蚀状态，其中侵蚀强度最大区域为 5 m 与 12 m 等深线包络区域一致，至近岸和深水区侵蚀强度均有所减小，这与波浪掀沙作用密切相关。由深水波传播至近岸发生破碎并由于底摩擦作用衰减后，能量大幅度减弱，故近岸床面侵蚀强度相对较弱；而深水区床面侵蚀强度较弱则主要归因于该区域水深较大、波浪掀沙作用较低的原因。

由图 7.28 可见，风暴潮结束后，飞雁滩近岸海域床面冲淤形势表现出条带状分布规律：近岸 2 m 水深范围内基本处于冲淤平衡状态，而至 5～12 m 水深范围区间，则表现为较强的侵蚀态势，平均侵蚀深度达 0.21 m，至 15 m 以深的水深区域，床面开始表现为微淤态势，且淤积强度相对较大区域集中于飞雁滩东北侧深水海域。这表明，在当前床沙配置条件下，飞雁滩近岸 2 ~ 5 m 水深范围内的水下岸坡已达稳定状态，抗冲刷能力较强。

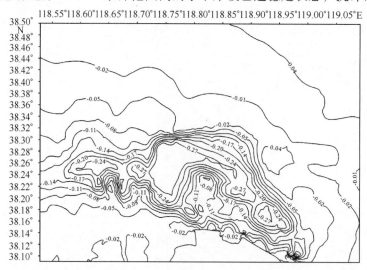

图 7.27　风暴潮过程中风浪最强时床面侵蚀深度空间分布（正为淤，负为冲，单位 m）

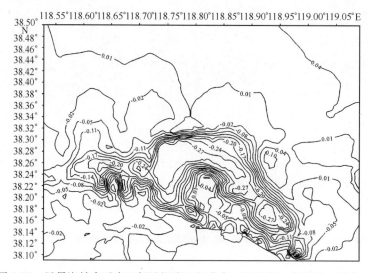

图 7.28　风暴潮结束后床面侵蚀深度空间分布（正为淤，负为冲，单位 m）

7.2.5.2　床沙粗化过程

　　基于 3 条典型断面（图 7.29）上的砂、粉砂和黏土 3 种组分含量的空间变化规律，探讨此次风暴潮过程中飞雁滩海域床沙粗化过程。

　　将各地形剖面上砂、粉砂、黏土 3 组分含量分布规律绘于图 7.30。可见，在设定空间上均一分布的床沙沉积特征条件下，受水动力强弱空间分布不均的影响，在同一风暴潮过程中，该海域西侧床沙粗化程度明显强于中部及东部海域。西侧海域床沙颗粒组成中砂质含量最高可达67.2%，5~15 m水深区间为粗化显著区域，因床面开始转为微弱淤积过程，近岸侵蚀起动的黏土、粉砂质细颗粒泥沙平流扩散至此深水区开始落淤，床面淤积，床沙表现为细化过程；而中部和东部区域水动力强度类似，反映到床沙粗化强度上亦较为相近，P2地形剖面、P3地形剖面床沙中砂质含量最高可达57.5%和54.2%。

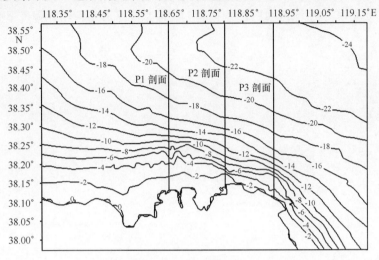

图7.29　典型岸滩地形剖面位置（m）

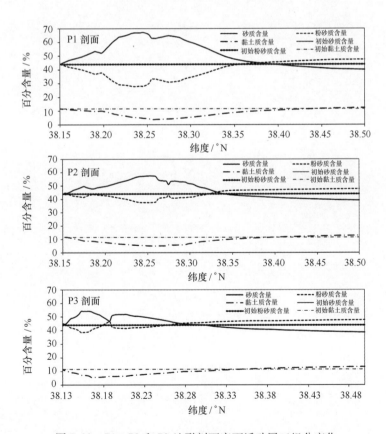

图7.30　P1、P2和P3地形剖面床面活动层三组分变化

但受地形约束，对于相同等深线包络面积，其中部海域的床沙粗化强度远大于东部海域，相应位于中部海域的 P2 地形剖面床沙粗化发育空间范围亦大于 P3 地形剖面，P2 地形剖面床沙粗化范围最远可达 38.34°N，而 P3 地形剖面则为 38.28°N，这与 18 m 等深线基本一致，因此可以认为在本次风暴潮这种强度的水动力条件下，飞雁滩海域床沙粗化层发育的空间范围为 18 m 水深以浅海域，且 5 ~ 14 m 水深区海床为粗化程度最强区域。

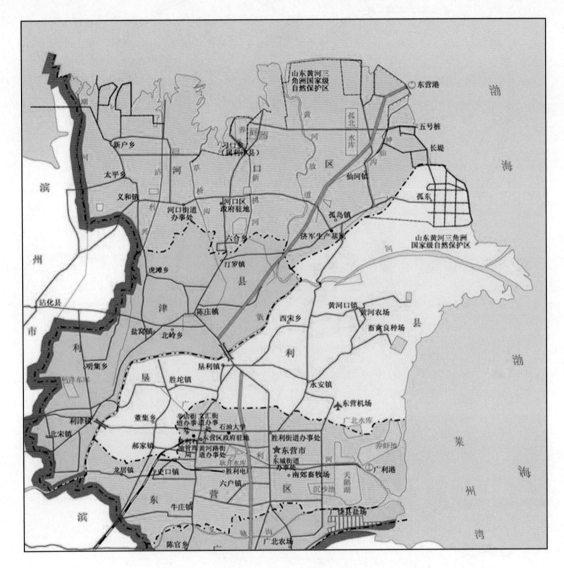

附图1　黄河三角洲区域

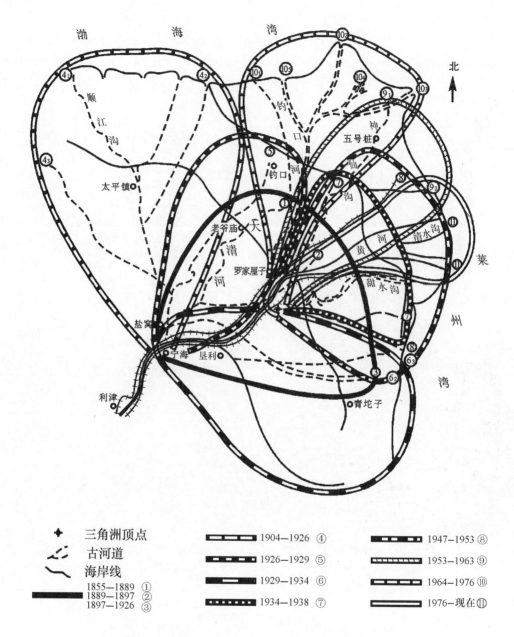

附图 2　黄河亚三角洲分布示意图（叶青超，1982）

参 考 文 献

曹文洪.1997.黄河口三角洲演变及其反馈影响的研究.泥沙研究,(4):1-6.

陈吉余,王宝灿,虞志英.1989.中国海岸发育过程和演变规律.上海:上海科学技术出版社.

陈沈良,张国安,谷国传.2004.黄河三角洲海岸强侵蚀机理及治理对策.水利学报,7:1-7.

陈沈良,张国安,陈小英,等.2005.黄河三角洲飞雁滩海岸的侵蚀及机理.海洋地质与第四纪地质,25
　　(3):9-14.

成国栋,任于灿,李绍全,等.1986.现代黄河三角洲河道演变及垂向序列.海洋地质与第四纪地质,6
　　(2):1-15.

成国栋.1991.黄河三角洲现代沉积作用及模式.北京:地质出版社.

程义吉.2002.黄河口演变与治理对策//中国江河河口研究及治理、开发问题研讨会文集.北京:中国水利
　　水电出版社.

崔树强.2002.黄河断流对黄河三角洲生态环境的影响.海洋科学,26(7):42-46.

丁东,董万.1988.现代黄河三角洲蚀退作用的初步研究.海洋地质与第四纪地质,8(3):53-60.

丁东,任于灿,李绍全,等.1995.黄河三角洲及邻区的风暴潮沉积.海洋地质与第四纪地质,15(3):
　　25-33.

董年虎.1997.黄河入海泥沙的淤积与扩散.海洋工程,15(2):59-64.

窦国仁.1999.再论泥沙起动流速.泥沙研究,(6):1-9.

范顺庭,王以谋.1999.黄河口海域特征波浪要素比的分析.海洋预报,16(1):21-28.

丰爱平,夏东兴.2003.海岸侵蚀灾情分级.海岸工程,22(2):60-66.

高大钊,袁聚云.2003.土质学与土力学.北京:人民交通出版社,102-138.

葛建忠,胡克林,丁平兴.2007.风暴潮集成预报可视化系统设计和应用.华东师范大学学报(自然科学
　　版),4:20-25.

韩其为,向熙珑,王玉成.1983.床沙粗化//第二次河流泥沙国际学术讨论会论文集.北京:水利水电出
　　版社.

郝琰,乐肯堂,刘兴泉.2000.黄河三角洲海区2010年潮波分布特征的数值预测.海洋科学,24(6):
　　43-47.

呼和敖德,刘青泉.1998.长江口深水航道原状土及表层泥沙冲刷试验研究报告,1-30.

胡春宏,曹文洪.2003.黄河口水沙变异与调控:Ⅰ.黄河口水沙运动与演变基本规律.泥沙研究,5:
　　1-8.

黄世光,王志豪.1991.黄河1964—1976年刁口流路泥沙冲淤及其分布特点.海洋地质与第四纪地质,11
　　(1):15-28.

季子修.1996.中国海岸侵蚀特点与侵蚀加剧原因分析.自然灾害学报,5(2):65-75.

李安龙,李广雪,曹立华,等.2004.黄河三角洲废弃叶瓣海岸侵蚀与岸线演化.地理学报,59(5):
　　731-737

李东风,李泽刚,张青玉.1998.清水沟北汊流路入海泥沙对东营港影响的数值分析.黄渤海海洋,16(1):
　　1-6.

李凡.1995.海岸带陆海相互作用(LOICZ)研究及我们的策略.地球科学进展,11(1):19-23.

李福林,庞家珍,姜明星.2000.黄河三角洲海岸线变化及其环境地质效应.海洋地质与第四纪地质,20
　　(4):17-21.

李光天,符文侠.1992.我国海岸侵蚀及其危害.海洋环境科学,11(1):53-58.

李广雪,刘守全,姜玉池,等.1999.黄河三角洲北部海底刺穿初步研究.中国科学(D辑),29(4):379-384.

李广雪,庄克琳,姜玉池.2000.黄河三角洲沉积体的工程不稳定性.海洋地质与第四纪地质,20(2):21-26.

李国胜,王海龙,董超.2005.黄河入海泥沙输运及沉积过程的数值模拟.地理学报,60(5):707-716.

李恒鹏.2001.长江三角洲海平面上升海岸主要响应过程与海岸易损性研究.博士学位论文,1-82.

李九发,李为华,应铭,等.2006.黄河三角洲飞雁滩沉积物颗粒度分布和粒度参数特征及水动力解释.海洋通报,25(3):38-44.

李九发.1990.长江河口南汇潮滩泥沙输移规律探讨.海洋学报,12(1):75-82.

李平,朱大奎.1997.波浪在黄河三角洲形成中的作用.海洋地质与第四纪地质,11(2):39-44.

李为华,李九发,时连强,等.2005.黄河口泥沙特性和输移研究综述.泥沙研究,(3):76-81.

李为华.2008.典型三角洲岸滩和河口床沙粗化机理及动力地貌响应研究.博士学位论文.上海:华东师范大学,1-110.

李泽刚.1987.黄河近代三角洲海岸的动态变化.泥沙研究,(4):36-43.

李泽刚.2001.黄河口治理与水沙资源综合利用.人民黄河,23(2):32-34.

刘爱菊,李坤平.1991.黄河口邻近海域无潮点的确定.海洋学报,13(4):576-580.

刘高峰,朱建荣,沈焕庭.2005.河口涨落潮槽水沙输运机制研究.泥沙研究,(5):51-57.

刘家驹.1992.波浪作用下泥沙运动研究.//全国泥沙基本理论研究学术讨论会论文集,69-73.

刘曙光,李从先,丁坚,等.2001.黄河三角洲整体冲淤平衡及其地质意义.海洋地质与第四纪地质,21(4):13-17.

刘勇胜.2006.黄河入海水沙通量变化规律与三角洲演变关系.硕士学位论文.上海:华东师范大学,1-66.

庞家珍,姜明星.2003.黄河河口演变(Ⅰ)——(一)河口水文特征.海洋湖沼通报,(3):1-13.

庞家珍,司书亨.1979.黄河河口演变Ⅰ:近代历史变迁.海洋与湖沼,10(2):136-141.

庞家珍.1994.黄河三角洲流路演变及对黄河下游的影响.海洋湖沼通报,(3):1-9.

钱宁,万兆惠.1983.泥沙运动力学.北京:科学出版社.

秦荣昱,胡春宏.1997.沙质河床清水冲刷粗化的研究.水利水电技术,28(6):8-13.

任明达,王乃梁.1981.现代沉积环境概论,北京:科学出版社.

沈焕庭,胡刚.2006.河口海岸侵蚀研究进展.华东师范大学学报(自然科学版),6:1-8.

沈健,沈焕庭,潘定安,等.1995.长江河口最大浑浊带水沙输运机制分析.地理学报,50(5):411-420.

师长兴,尤联元,李炳元,等.2003a.黄河三角洲沉积物的自然固结压实过程及其影响.地理科学,23(2):175-181.

师长兴,章典,尤联元,等.2003b.黄河口泥沙淤积估算问题和方法——以钓口河亚三角洲为例.地理研究,22(1):49-59.

时连强,李九发,应铭,等.2005.近现代黄河三角洲发育演变研究进展.海洋科学进展,23(1):96-104.

时连强,李九发,张卫国,等.2007.黄河三角洲飞雁滩HF孔沉积物的磁性特征及其环境意义.海洋学研究,25(4):13-23.

时连强.2006.黄河三角洲飞雁滩沉积特性与沉积物抗冲性研究.博士学位论文.上海:华东师范大学,1-98.

时伟荣,李九发.1993.长江河口南北槽输沙机制及浑浊带发育分析.海洋通报,12(4):69-76.

宋红霞,刘红珍,汪习文,等.2000.黄河河口三角洲风暴潮灾害特点及其预防对策.海岸工程,(4):70-74.

孙效功,杨作升.1995.利用输沙量预测现代黄河三角洲的面积增长.海洋与湖沼,26(1):76-82.

孙志林,黄赛花,祝丽丽.2007.黏性非均匀沙的起动概率.浙江大学学报(工学版),41(1):18-22.

孙志林,孙志锋.2000.粗化层试验与预报.水力发电学报,(4):40-48.

万新宁,李九发,沈焕庭.2004.长江口外海滨典型断面悬沙通量计算.泥沙研究,(6):64-70.

王康墡,苏纪兰.1987.长江口南港环流及悬移物质输运的计算方法.海洋学报,9(5):627-637.

王万战,袁东良.1997.黄河入海流路变化对近河口段的影响初步分析.人民黄河,19(9):23-24.

吴世迎,臧启运.1997.胜利油田部分岸段岸滩演化和防护问题.黄渤海海洋,(4):14-22.

夏东兴,王文海,武桂秋,等.1993.中国海岸侵蚀述要.地理学报,48(5):468-476.

向卫华,李九发,徐海根,等.2003.上海市南汇南滩近期演变特征分析.华东师范大学学报(自然科学学版),(3):49-55.

徐宏明,张庆河.2000.粉砂质海岸泥沙特性试验研究.泥沙研究,(3):42-49.

徐明权,杨小庆.1998.浅谈黄河水沙变化研究成果.土壤侵蚀与水土保持学报,4(3):19-25.

许炯心.2002.黄河三角洲造陆过程中的陆域水沙临界条件研究.地理研究,21(2):163-170.

严恺,梁其荀.2002.海岸工程.北京:海洋出版社.

燕峒胜,蒲高军,张建华.2006.黄河三角洲胜利滩海油区海岸蚀退与防护研究.郑州:黄河水利出版社.

杨世伦.2003.海洋环境和地貌过程导论.北京:海洋出版社.

杨作升,陈卫民,陈彰榕,等.1994.黄河口水下滑坡体系.海洋与湖沼,25(6):573-581.

叶青超.1982.黄河三角洲的地貌结构及发育模式.地理学报,37(4):349-363.

叶青超.1994.黄河流域环境演变与水沙运行规律研究.济南:山东科学技术出版社.

易笑园,李锡华,王秀娟.2006.2004年9月15日天津沿海潮位二次超过警戒水位的成因分析.海洋通报,25(3):7-12.

尹学良.1986.黄河口的河床演变.泥沙研究,(4):13-26.

尹学良.1997.黄河口的河床演变.北京:中国铁道出版社.

尹延鸿.2003.现代黄河三角洲海岸的冲淤及造陆速率.海洋地质动态,7:13-19.

应铭.2007.废弃亚三角洲岸滩泥沙运动和剖面塑造过程——以黄河三角洲北部为例.博士学位论文.上海:华东师范大学,1-93.

俞立中,张卫国.1998.沉积物来源组成定量分析的磁诊断模型.科学通报,43(19):2034-2041.

虞志英,金镠,陈德昌,等.1986.连云港吹泥区岸滩自然冲淤及吹泥条件下海滩演变的观测分析.海洋与湖沼,17(4):351-365.

虞志英,张勇,金镠.1994.江苏北部开敞淤泥质海岸的侵蚀过程及防护.地理学报,49(2):149-156.

臧启运.1998.潮间浅滩泥沙运移的现场观测和冲淤量的估算.海岸工程,17(3):18-23.

曾庆华.张世奇,等.1999.黄河口演变规律及整治.郑州:黄河水利出版社.

张瑞瑾.1989.河流泥沙运动力学.北京:水利电力出版社.

张世奇.1990.黄河口输沙及冲淤变形计算研究.水利学报,(1):23-33.

张卫国,俞立中.2002.长江口潮滩沉积物的磁学性质及其与粒度的关系.中国科学(D辑),32(9):783-792.

张卫国.2001.长江口潮滩沉积物环境磁学研究.博士学位论文.上海:华东师范大学.

张裕华.1996.中国海岸侵蚀危害及其防治.灾害学,11(3):15-21.

中华人民共和国建设部.2002.岩土工程勘察规范(GB 50021—2001):8.

中华人民共和国水利部.2009,2010.中国河流泥沙公报:19-23.

仲德林,刘建立.2003.黄河改道后河口至黄河海港海岸冲淤变化研究.海洋测绘,223(1):49-52.

周永青.1998.黄河三角洲北部海岸水下岸坡蚀退过程及主要特征.海洋地质与第四纪地质,18(3):

79 – 85.

Amos C L, Feeney T, Sutherland T F, et al. 1997. The stability of fine-grained sediments from the Fraser River Delta. Estuarine, Coastal and Shelf Science,45:507 – 524.

Banerjee S K, King J, Marvin J A. 1981. Rapid method for magnetic granulometry with applications to environmental studies. Geophys. Res. Lett. ,8:333 – 336.

Bowden K F. 1963. The mixing processes in tidal estuary. International Journal of Air and Water Pollution,7: 343 – 356.

Budetta P, Galietta G, Santo A. 2000. A methodology for the study of the relation between coastal cliff erosion and the mechanical strength of soils and rock masses: Elsevier Science:243 – 256.

Cox A T, Cardone V J, Swail V. R. 1998. Evaluation of NCEP/NCAR reanalysis project marine surface wind products for a long term North Atlantic wave hindcast. Proceedings 5th International Workshop on Wave Hindcasting and Forecasting, January:26 – 30.

Day R, Fuller M, Schmidt V A. 1977. Hysteresis properties of titanomagnetites: grain size and compositional dependence. Phys. Earth Planet. Inter. ,13:260 – 267.

DHI. 2007. Mike 21 & Mike 3 Flow Model FM: Mud Transport Module Scientific Document. DHI global, Denmark.

DHI. 2007. Mike 21 & Mike 3 Flow Model FM: Hydrodynamic and Transport Module Scientific Document. DHI global, Denmark.

DHI. 2007. Mike 21 Spectral Wave Module Scientific Document. DHI global, Denmark.

Dyer K R. 1988. Fine sediment particle transport in estuaries//Dronkers J, Van Leussen W), Physical Processes in Estuary. Spring-Verlag, New York:295 – 310.

Folk R L, Ward W C. 1957. Brazos River Bar: A study in the significance of grain size parameters. Journal of Sedimentary Petrology,27:3 – 26.

Frihy O E, Komar P D. 1993. Long – term shoreline changes and the concentration of heavy minerals in beach sands of the Nile Delta, Egypt. Mar. Geol. ,115:253 – 261.

Gao S Collins. 1994. Net sediment transport patterns inferred from grain size trends, based upon definition of "transport vectors"—reply. Sedimentary Geology(90):157 – 159.

Grant J, Daborn G. 1994. The effects of bioturbation on sediment transport on an intertidal mudflat. Netherlands J. Sea Research,32:63 – 72.

Houwing E J. 1999. Determination of the critical erosion threshold of cohesive sediments on intertidal mudflats along the Dutch Wadden Sea coast. Estuarine, Coastal and Shelf Science,49:545 – 555.

Jones A T, Mader C L. 1996. Wave erosion on the southeastern coast of Australia: tsunami propagation modeling Australian. Journal of Earth Sciences,43(4): 479 – 483.

King J W, Banerjee S K, Marvin J. et al. 1982. A comparison of different magnetic methods for determining the relative grain size of magnetite in natural materials: some results from lake sediments. Earth Planet. Sci. Lett,59: 404 – 419.

Leont' yev. 2004. Coastal profile modeling along the Russian Arctic coast. Coastal Engineering Volume: 51, Issue: 8 – 9, October:779 – 794.

Maher B A. 1988. Magnetic properties of some synthetic submicron magnetites. Geophys. J. ,94:83 – 96.

Mehta A J, Hayter E J, Parker W R, et al. 1989. Cohesive Sediment Transport: I. Process Description. Journal of Hydraulic Engineering,115(8):1076 – 1093.

Mehta A J. 1989. On estuarine cohesive sediment suspension behavior. Journal of Geophysical Research, 94 (C10): 14303 – 14314.

Mitchener H, Torfs H. 1996. Erosion of mud/sand mixtures. Coastal Engineering,29:1 – 25.

Oldfield F. 1994. Toward the discrimination of fine-grained ferrimagnets by magnetic measurements in lake and near – shore marine sediments. J. Geophys. Res. (B),99:9045 – 9050.

Panagiotopoulos I, Voulgaris G, Collins M B. 1997. The influence of clay on the threshold of movement on fine sandy beds. Coastal Engineering,32:19 – 43.

Parchure T M, Mehta A J. 1985. Erosion of soft cohesive sediment deposits. Journal of Hydraulic Engineering, 111:1308 – 1326.

Partheniades E. 1965. Erosion and Deposition of Cohesive Soils. J. Hydraulics Eng., ASCE91:105 – 139.

Sandford L P, Halka J P. 1993. Assessing the paradigm of mutually exclusive erosion and deposition of mud, with examples from upper Chesapeake Bay. Marine Geology,114:37 – 57.

Shi Lianqiang, Li Jiufa, Dong Ping, et al.. 2007. An experiment study of erosion characteristics of sediment bed at the Yellow River Delta. Coastal Engineering Journal,49(1):25 – 43.

Soulsby R L, Hamm L, Klopman G, et al. 1993. Wave-current interaction within and outside the bottom boundary layer. Coastal engineering, 21(1/3): 41 – 69.

Thampanya U, Vermaat J E, Sinsakul S, et al. 2006. Coastal erosion and mangrove progradation of Southern Thailand, Estuarine. Coastal and Shelf Science Volume: 68, Issue: 1 – 2, June,75 – 85.

Thompson R, Oldfield F. 1986. Environmental Magnetism. London: Allen and Unwin Publishing Company: 28 – 121.

Torfs H, Mitchener H, Huysentruyt H, et al. 1996. Settling and consolidation of mud/sand mixtures. Coastal Engineering,29:27 – 45.

Uncles R J, et al. 1985. Observed fluxes of water, salt and sediment in a partly mixed estuary. Estuarine, Coastal and Shelf Science,20: 147 – 167.

Van Ledden M, Van Kesteren W G M, Winterwerp J C. 2004. A conceptual framework for the erosion behaviour of sand-mud mixtures. Contimental Shelf Research,24:1 – 11.

Wu Jin. 1980. Wind-stress Coefficients over sea surface and near neutral conditions – A revisit. Journal of Physical Oceanography,10(5):727 – 740.

Wu Jin. 1994. The sea surface is aerodynamically rough even under light winds. Boundary Layer Meteorology,69 (1/2):149 – 158.

Ying Ming, Li Jiufa and Li Weihua, et al. 2005. The study on Profile Shaping Process of Northern Yellow River Delta Coast,IGARSS 2005: 2005 IEEE International Geoscience and Remote Sensing Symposium proceedings: 25 – 29 July 2005, Seoul, Korea: 5404 – 5407.

Ying Ming, Li Jiufa, Chen Shenliang, et al. 2008. Dynamics characteristics and topographic profile shaping process of Feiyan shoal at the Yellow River delta. Marine Science Bulletin,10(2):74 – 88.

Yuksek O, Onsoy H, Birben A R, et al. 1996. Coastal erosion in eastern Black Sea region, Turkey. Oceanographic Literature Review Volume: 43, Issue: 9, September:954.

Zheng H, Oldfield F, Yu L, et al. 1991. The magnetic properties of particle – sized samples from the Luo Chuan loess section: evidence for pedogenesis. Physics of the Earth and Planetary Interior,68:250 – 258.

附录 A 黄河钓口河口亚三角洲变迁遥感图

1973 年 3 月 4 日

1976 年 12 月 1 日

1977 年 5 月 10 日

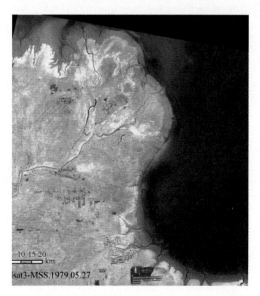

1979 年 5 月 27 日

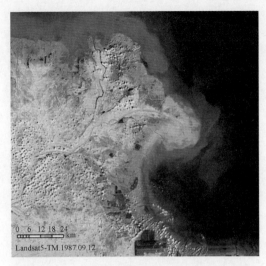

1987 年 9 月 12 日

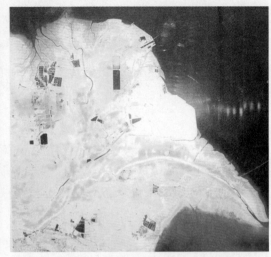

1996 年 5 月 31 日

2002 年 9 月 29 日

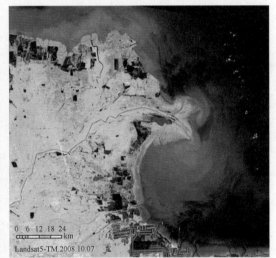

2008 年 10 月 7 日

附录 B　环境磁学基本参数矿物学含义

质量磁化率（χ）：体积磁化率与物质密度的比值 $\chi = \kappa/\rho$，通常反映了亚铁磁性矿物（如磁铁矿）的含量。研究结果表明，磁化率和磁铁矿含量之间呈现为简单的线性关系（Oldfield and Thompson，1986）。但也受到磁性矿物晶粒大小的影响，超顺磁晶粒的磁化率要高于单畴（SD）和多畴（MD）晶粒。

频率磁化率（χ_{fd}）：样品在不同频率磁场下磁化率的相对差值，即：

$$\chi_{fd} = (\chi_{LF} - \chi_{HF})/\chi_{LF} \times 100\%$$

其中，χ_{LF}、χ_{HF} 分别代表低频和高频磁化率，反映了超顺磁（SP）晶粒对磁化率的贡献。

饱和等温顺磁（SIRM）：样品能获取的最大剩磁，本书指样品在 1 T 磁场中磁化后所保留的剩磁，它反映了所有能携带剩磁的磁性矿物（亚铁磁性和不完整反铁磁性）的含量，但也受到磁性矿物晶粒大小的影响，单畴（SD）晶粒要高于多畴（MD）晶粒。

软剩磁（SOFT）：样品在低磁场（20 mT）中所获剩磁，基本上不受不完整反铁磁性矿物的影响，用来指示亚铁磁性晶粒，尤其是较粗的多畴（MD）晶粒的含量。

退磁参数（S_{kmT}）：对已获得 SIRM 的样品施加反向磁场，则原先的正向磁化作用减弱，反向磁化作用加强。主要反映了亚铁磁性矿物和不同磁性矿物类型相对重要性，随不完整反铁磁性矿物的增加而下降，但也受到亚铁磁性矿物晶粒大小的影响。可定义为：

$$S_{kmT} = 100 \times (SIRM - IRM_{kmT})/(2 \times SIRM)$$

其中，kmT 为反向磁场强度大小，IRM_{kmT} 为不同反向磁场下的等温剩磁。

非滞后剩磁（χ_{ARM}）：样品在叠加一个稳恒磁场，交变磁场逐渐衰减为零的过程中获得的剩磁（ARM）。本书运用的交变磁场峰值为 100 mT，直流稳恒磁场为 0.04 mT。将 ARM 除以直流稳恒磁场，本书中 $\chi_{ARM} = ARM/0.318\ 4$。该参数强烈受到亚铁磁性矿物晶粒大小的影响，单畴（SD）晶粒的显著高于多畴（MD）和超顺磁（SP）晶粒的。

χ_{ARM}/χ：该比值主要与亚铁磁性矿物晶粒大小有关，高值反映了较多的单畴（SD）晶粒，低值反映了较多的超顺磁（SP）和多畴（MD）晶粒。

$\chi_{ARM}/SIRM$：反映磁性矿物晶粒大小，但不受超顺磁（SP）晶粒的影响，高值反映单畴（SD）较多，低值反映多畴（MD）晶粒较多。

$SIRM/\chi$：该参数影响因素较为复杂，随单畴（SD）晶粒、不完整反铁磁性矿物的增加而升高，随顺磁性矿物和超顺磁（SP）晶粒的增加而下降。

剩磁矫顽力（$(B_0)_{CR}$）：使 SIRM 降为零的反向磁场。可以区分磁性矿物类型和晶粒大小。

附录 C 柱状沉积物粒度及参数表

附表 C 黄河三角洲北部飞雁滩 HF 孔沉积物粒度参数及各组分百分含量

序号	深度/ m	D_{50} (Φ)	Mz (Φ)	σ_1	SK_1	K_G	黏土 /%	泥沙 /%	砂 /%
1	0.0 ~ 2.0	3.72	3.79	0.95	−0.35	1.95	3.8	30.3	65.9
2	2.0 ~ 2.5	7.50	7.63	1.66	−0.10	0.93	39.8	60.1	0.1
3	2.5 ~ 2.7	7.15	7.33	1.88	−0.13	0.87	35.3	63.6	1.1
4	2.7 ~ 2.9	7.00	7.20	1.89	−0.16	0.86	33.5	65.6	0.9
5	2.9 ~ 3.1	6.27	6.49	1.99	−0.19	0.88	23.6	69.9	6.6
6	3.1 ~ 3.2	5.26	5.93	2.11	−0.46	0.87	20.3	65.0	14.7
7	3.2 ~ 3.3	4.42	4.98	1.71	−0.58	1.52	10.6	59.5	29.9
8	3.3 ~ 3.4	4.60	5.15	1.75	−0.55	1.41	11.4	64.8	23.9
9	3.4 ~ 3.5	4.41	4.87	1.66	−0.53	1.62	9.8	59.3	30.9
10	3.5 ~ 3.7	4.70	5.42	1.98	−0.56	1.10	14.9	61.1	24.0
11	3.7 ~ 3.9	4.94	5.65	2.09	−0.50	0.91	17.7	60.8	21.5
12	3.9 ~ 4.1	4.55	5.32	1.99	−0.59	1.13	14.5	57.7	27.8
13	4.1 ~ 4.3	4.30	4.74	1.61	−0.55	1.70	9.2	55.5	35.3
14	4.3 ~ 4.5	4.30	4.61	1.51	−0.50	1.94	8.7	57.0	34.3
15	4.5 ~ 4.7	4.43	4.99	1.74	−0.57	1.55	10.8	59.4	29.8
16	4.7 ~ 4.9	4.54	5.14	1.83	−0.55	1.30	11.8	60.0	28.2
17	4.9 ~ 5.1	5.08	5.71	1.97	−0.48	0.96	16.6	67.9	15.5
18	5.1 ~ 5.3	4.49	5.04	1.75	−0.55	1.43	10.8	61.0	28.2
19	5.3 ~ 5.5	4.43	4.99	1.76	−0.56	1.46	10.9	58.2	30.9
20	5.5 ~ 5.7	5.64	6.13	1.78	−0.43	1.07	17.5	78.2	4.3
21	5.7 ~ 5.9	4.15	4.41	1.41	−0.49	1.72	6.8	50.5	42.7
22	5.9 ~ 6.1	3.91	4.05	1.11	−0.44	1.95	4.6	41.2	54.2
23	6.1 ~ 6.3	3.95	4.41	1.57	−0.62	1.97	8.8	39.3	51.9
24	6.3 ~ 7.0	5.14	5.50	1.48	−0.50	1.55	11.1	83.8	5.1
25	7.0 ~ 7.4	5.72	6.18	2.14	−0.33	0.79	23.3	64.4	12.3
26	7.4 ~ 7.7	5.22	5.88	2.10	−0.46	0.84	20.1	63.8	16.1
27	7.7 − 7.8	4.87	5.60	2.14	−0.51	0.87	18.0	57.2	24.8
28	7.8 − 7.9	5.74	6.27	2.06	−0.38	0.82	23.5	69.0	7.5
29	7.9 − 8.0	5.27	5.92	1.98	−0.49	0.90	18.8	70.7	10.5

序号	深度/ m	D_{50} (Φ)	Mz (Φ)	σ_1	SK_1	K_G	黏土 /%	泥沙 /%	砂 /%
30	8.0~8.1	6.03	6.45	2.09	-0.29	0.80	25.7	67.1	7.2
31	8.1~8.2	4.90	5.67	1.98	-0.57	0.94	17.0	67.3	15.7
32	8.2~8.3	5.26	5.96	2.05	-0.50	0.86	20.3	68.5	11.2
33	8.3~8.7	7.20	7.43	1.77	-0.18	0.90	35.4	64.6	0.0
34	8.7~8.8	5.01	5.76	2.03	-0.54	0.92	18.2	66.8	15.0
35	8.8~9.0	5.22	5.87	2.01	-0.49	0.89	18.7	68.8	12.5
36	9.0~9.2	4.67	5.36	1.87	-0.58	1.19	13.5	64.9	21.6
37	9.2~9.4	5.00	5.75	2.03	-0.54	0.89	18.2	66.2	15.6
38	9.4~9.6	4.40	4.67	1.39	-0.54	2.28	9.1	65.5	25.4
39	9.6~9.7	4.56	4.92	1.44	-0.56	2.03	9.4	72.7	17.9
40	9.7~9.8	4.83	5.46	1.77	-0.58	1.38	13.3	73.7	13.0
41	9.8~10.0	5.92	6.34	1.92	-0.35	0.90	21.3	74.6	4.1
42	10.0~10.2	6.46	6.79	1.96	-0.25	0.83	28.2	69.5	2.3
43	10.2~10.4	6.54	6.86	1.93	-0.25	0.84	28.8	69.3	1.9
44	10.4~10.6	6.27	6.59	2.01	-0.24	0.87	25.5	68.8	5.7
45	10.6~10.8	6.62	6.92	1.94	-0.24	0.83	29.8	68.5	1.7
46	10.8~10.9	6.54	6.85	1.91	-0.24	0.85	28.3	69.9	1.8
47	10.9~11.1	6.15	6.54	2.02	-0.29	0.81	25.9	69.5	4.6
48	11.1~11.3	6.55	6.79	2.02	-0.20	0.81	29.1	67.9	3.0
49	11.3~11.4	6.64	6.92	1.99	-0.21	0.82	30.6	66.8	2.6
50	11.4~11.6	6.46	6.74	1.97	-0.23	0.84	27.5	69.6	2.9
51	11.6~11.8	6.51	6.80	2.02	-0.22	0.82	29.2	67.0	3.8
52	11.8~11.9	5.98	6.39	1.98	-0.32	0.86	22.9	71.9	5.2
53	11.9~12.0	6.19	6.56	2.00	-0.29	0.83	25.5	70.2	4.3
54	12.0~12.1	6.02	6.41	1.97	-0.31	0.86	23.0	72.0	5.0
55	12.1~12.2	6.30	6.61	2.00	-0.24	0.84	25.9	69.8	4.3
56	12.2~12.4	6.22	6.55	1.97	-0.27	0.86	24.8	71.1	4.1
57	12.4~12.6	6.14	6.50	2.03	-0.27	0.83	25.1	69.2	5.7
58	12.6~12.7	6.22	6.61	1.99	-0.30	0.83	25.9	70.7	3.4
59	12.7~12.8	6.81	7.03	1.92	-0.18	0.86	30.9	67.3	1.8
60	12.8~12.9	6.45	6.72	2.02	-0.21	0.84	27.8	68.1	4.1
61	12.9~13.0	6.25	6.62	1.92	-0.29	0.87	24.9	72.2	2.9
62	13.0~13.1	5.95	6.38	1.96	-0.34	0.87	22.7	72.3	5.0
63	13.1~13.2	6.15	6.55	1.94	-0.32	0.86	24.5	72.4	3.1
64	13.2~13.4	6.62	6.89	2.01	-0.20	0.82	30.4	66.3	3.3

序号	深度/ m	D_{50} (Φ)	Mz (Φ)	σ_1	SK_1	K_G	黏土 /%	泥沙 /%	砂 /%
65	13.4 ~ 13.6	6.16	6.56	2.00	-0.30	0.82	25.8	70.2	4.0
66	13.6 ~ 13.8	6.02	6.49	2.00	-0.35	0.82	25.2	70.9	3.9
67	13.8 ~ 13.9	5.52	6.08	1.86	-0.46	0.96	18.5	76.0	5.5
68	13.9 ~ 14.0	5.02	5.68	1.83	-0.55	1.13	15.2	74.3	10.5
69	14.0 ~ 14.2	6.12	6.55	1.98	-0.32	0.83	25.2	71.5	3.3
70	14.2 ~ 14.3	4.94	5.58	1.82	-0.56	1.19	14.3	73.5	12.2
71	14.3 ~ 14.5	7.60	7.75	1.70	-0.11	0.88	42.3	57.7	0.0
72	14.5 ~ 14.6	7.50	7.64	1.71	-0.11	0.92	40.0	60.0	0.0
73	14.6 ~ 14.7	7.40	7.57	1.77	-0.13	0.88	38.7	61.2	0.1
74	14.7 ~ 14.8	7.74	7.90	1.65	-0.12	0.87	45.1	54.9	0.0
75	14.8 ~ 14.9	7.57	7.70	1.75	-0.09	0.90	41.7	57.6	0.7
76	14.9 ~ 15.0	7.73	7.85	1.68	-0.09	0.91	44.7	55.3	0.0
77	15.0 ~ 15.1	7.78	7.93	1.63	-0.11	0.89	45.8	54.2	0.0
78	15.1 ~ 15.2	7.05	7.26	1.89	-0.16	0.87	34.1	64.8	1.1
79	15.2 ~ 15.3	7.38	7.45	1.92	-0.05	0.90	38.5	60.2	1.3
80	15.3 ~ 15.4	5.43	6.05	2.07	-0.44	0.83	21.3	67.7	11.0
81	15.4 ~ 15.5	5.99	6.51	1.92	-0.39	0.86	24.2	72.8	3.0
82	15.5 ~ 15.6	6.93	6.94	2.12	-0.04	0.80	32.9	61.9	5.2
83	15.6 ~ 15.7	5.64	6.18	1.94	-0.41	0.96	20.1	72.9	7.0
84	15.7 ~ 15.8	6.88	7.14	1.80	-0.21	0.89	31.2	67.7	1.1
85	15.8 ~ 15.9	7.54	7.65	1.79	-0.06	0.90	41.5	58.0	0.5
86	15.9 ~ 16.0	7.26	7.31	1.95	-0.05	0.86	37.1	60.9	2.0
87	16.0 ~ 16.1	7.43	7.56	1.79	-0.09	0.90	39.3	60.1	0.6
88	16.1 ~ 16.2	7.02	7.22	1.84	-0.16	0.88	33.2	65.6	1.2
89	16.2 ~ 16.3	7.16	7.32	1.82	-0.12	0.90	34.9	64.4	0.7
90	16.3 ~ 16.4	7.30	7.42	1.79	-0.10	0.89	36.9	63.1	0.0
91	16.4 ~ 16.5	7.66	7.78	1.73	-0.07	0.94	43.2	56.7	0.1
92	16.5 ~ 16.6	6.30	6.57	1.97	-0.23	0.86	24.7	71.7	3.6
93	16.6 ~ 16.7	6.81	6.93	2.01	-0.12	0.84	31.0	66.0	3.0
94	16.7 ~ 16.8	6.43	6.66	2.06	-0.19	0.81	27.8	67.3	4.9
95	16.8 ~ 16.9	6.42	6.75	1.89	-0.27	0.90	25.9	72.2	1.9
96	16.9 ~ 17.0	6.81	6.98	1.96	-0.15	0.85	30.9	67.6	1.5
97	17.0 ~ 17.1	6.81	7.00	1.94	-0.16	0.86	30.8	67.9	1.3
98	17.1 ~ 17.2	7.00	7.10	2.04	-0.09	0.83	34.1	63.4	2.5
99	17.2 ~ 17.3	6.97	7.10	1.95	-0.11	0.88	32.7	65.2	2.1

序号	深度/ m	D_{50} (Φ)	Mz (Φ)	σ_1	SK_1	K_G	黏土 /%	泥沙 /%	砂 /%
100	17.3 ~ 17.4	6.72	6.90	1.98	− 0.15	0.87	29.8	66.9	3.3
101	17.4 ~ 17.5	5.57	6.09	2.02	− 0.39	0.85	20.7	69.5	9.8
102	17.5 ~ 17.6	5.97	6.31	2.02	− 0.27	0.87	22.1	69.8	8.1
103	17.6 ~ 17.7	6.23	6.47	2.06	− 0.21	0.82	24.7	67.9	7.4
104	17.7 ~ 17.8	6.26	6.46	2.16	− 0.18	0.76	26.2	63.6	10.2
105	17.8 ~ 17.9	6.73	6.81	2.10	− 0.08	0.87	30.1	63.4	6.5
106	17.9 ~ 18.0	6.43	6.71	2.02	− 0.22	0.85	27.6	67.9	4.5
107	18.0 ~ 18.2	7.05	7.17	2.00	− 0.09	0.86	34.5	62.2	3.3
108	18.2 ~ 18.3	5.51	6.01	2.09	− 0.38	0.83	20.5	65.5	14.0
109	18.3 ~ 18.5	4.27	4.53	1.35	− 0.51	2.31	7.6	60.6	31.8
110	18.5 ~ 18.8	4.54	4.83	1.36	− 0.55	2.23	8.7	74.0	17.4
111	18.8 ~ 19.0	7.10	7.21	1.99	− 0.08	0.86	35.2	62.8	2.0
112	19.0 ~ 19.1	6.54	6.77	1.97	− 0.19	0.88	27.5	68.8	3.7
113	19.1 ~ 19.3	6.27	6.57	2.17	− 0.22	0.78	27.8	64.3	7.9
114	19.3 ~ 19.5	6.43	6.65	2.02	− 0.18	0.86	26.7	67.7	5.6
115	19.5 ~ 19.6	6.19	6.53	2.04	− 0.26	0.83	25.6	68.7	5.7
116	19.6 ~ 19.7	6.13	6.38	2.23	− 0.16	0.89	25.1	61.6	13.3
117	19.7 ~ 19.8	6.58	6.64	2.29	− 0.03	0.94	28.8	57.4	13.8
118	19.8 ~ 19.9	6.03	6.11	2.47	− 0.08	0.87	24.9	54.6	20.5
119	19.9 ~ 20.0	6.91	6.88	2.25	0.03	0.94	32.5	55.3	12.2
120	20.0 ~ 20.1	6.84	6.75	2.36	0.05	0.93	31.7	53.3	15.0
121	20.1 ~ 20.3	7.13	7.20	2.03	− 0.05	0.88	35.5	60.1	4.4
122	20.3 ~ 20.5	7.63	7.71	1.71	− 0.03	1.00	42.2	56.9	0.9
123	20.5 ~ 20.6	5.98	6.14	2.08	− 0.14	0.91	20.4	65.2	14.4
124	20.6 ~ 20.7	5.94	6.27	1.99	− 0.27	0.89	21.3	70.0	8.7
125	20.7 ~ 20.8	5.95	6.31	2.00	− 0.28	0.90	21.9	70.1	8.0
126	20.8 ~ 20.9	7.01	7.16	1.84	− 0.13	0.92	32.0	66.8	1.2
127	20.9 ~ 21.0	7.25	7.42	1.75	− 0.14	0.92	35.7	64.3	0.0
128	21.0 ~ 21.1	7.08	7.30	1.75	− 0.18	0.91	33.2	66.8	0.0
129	21.1 ~ 21.2	6.94	7.19	1.78	− 0.20	0.90	31.5	67.8	0.7
130	21.2 ~ 21.3	6.49	6.77	1.89	− 0.23	0.94	25.8	70.7	3.5
131	21.3 ~ 21.4	7.20	7.40	1.69	− 0.17	0.94	34.3	65.3	0.4
132	21.4 ~ 21.5	8.03	8.10	1.59	− 0.04	0.92	51.4	48.6	0.0
133	21.5 ~ 21.6	7.79	7.83	1.79	0.00	0.94	46.1	53.4	0.5
134	21.6 ~ 21.7	7.65	7.62	1.91	0.05	0.98	43.2	54.3	2.5

序号	深度/ m	D_{50} (Φ)	Mz (Φ)	σ_1	SK_1	K_G	黏土 /%	泥沙 /%	砂 /%
135	21.7~21.8	5.44	5.89	2.33	-0.29	0.79	22.3	53.6	24.1
136	21.8~21.9	4.87	5.51	2.13	-0.45	0.94	16.5	57.5	26.0
137	21.9~22.0	4.93	5.61	2.14	-0.47	0.92	17.5	59.0	23.5
138	22.0~22.1	4.90	5.49	2.01	-0.46	1.01	15.0	62.5	22.5
139	22.1~22.2	4.88	5.52	2.06	-0.47	0.99	15.9	60.8	23.3
140	22.2~22.3	5.06	5.64	2.00	-0.45	1.00	15.9	65.7	18.4
141	22.3~22.4	5.21	5.79	1.98	-0.45	0.97	17.1	68.6	14.3
142	22.4~22.5	7.54	7.71	1.69	-0.13	0.89	41.1	58.9	0.0
143	22.5~22.6	7.63	7.71	1.81	-0.03	0.95	42.8	56.0	1.2
144	22.6~22.7	7.41	7.58	1.70	-0.13	0.93	38.2	61.6	0.2
145	22.7~22.8	6.65	6.96	1.86	-0.24	0.92	28.2	70.3	1.5
146	22.8~22.9	6.65	6.91	1.92	-0.20	0.90	28.6	68.5	2.9
147	22.9~23.0	6.76	7.05	1.79	-0.24	0.89	29.3	70.3	0.4
148	23.0~23.1	6.84	7.11	1.81	-0.22	0.88	30.6	69.2	0.2
149	23.1~23.2	7.13	7.34	1.77	-0.18	0.87	34.6	65.4	0.0
150	23.2~23.3	5.75	6.22	1.98	-0.37	0.86	21.4	71.9	6.7
151	23.3~23.4	5.14	5.59	1.63	-0.51	1.36	12.5	80.7	6.8
152	23.4~23.5	4.59	5.10	1.61	-0.59	1.73	10.8	70.4	18.8
153	23.5~23.6	4.85	5.61	1.96	-0.58	1.01	16.1	67.6	16.3
154	23.6~23.7	4.44	4.75	1.46	-0.52	2.11	9.2	65.3	25.5
155	23.7~23.8	4.31	4.53	1.38	-0.49	2.28	8.5	60.1	31.4
156	23.8~23.9	4.38	4.71	1.46	-0.53	2.09	9.1	62.5	28.4
157	23.9~24.0	4.57	5.20	1.81	-0.58	1.46	12.3	64.1	23.6
158	24.0~24.1	4.59	5.36	1.94	-0.61	1.14	14.3	62.2	23.5
159	24.1~24.2	4.50	5.32	2.05	-0.59	1.03	15.1	54.7	30.2
160	24.2~24.3	4.54	5.27	1.91	-0.60	1.25	13.5	60.7	25.8
161	24.3~24.5	6.38	6.67	2.02	-0.23	0.84	26.8	69.0	4.2
162	24.5~24.6	6.84	7.06	1.96	-0.17	0.86	31.6	66.2	2.2
163	24.6~24.7	6.75	6.83	2.16	-0.07	0.87	30.5	61.9	7.6
164	24.7~24.8	3.91	4.64	1.87	-0.66	1.67	10.8	35.6	53.6
165	24.8~25.0	3.90	4.63	1.86	-0.66	1.79	10.7	35.4	53.9
166	25.0~25.2	4.06	4.83	1.94	-0.64	1.38	11.6	41.3	47.1
167	25.2~25.4	3.84	4.01	1.36	-0.47	2.27	7.08	35.5	57.4
168	25.4~25.6	4.38	5.20	2.13	-0.57	0.99	14.8	48.1	37.1
169	25.6~25.8	3.69	4.31	1.87	-0.59	1.69	9.3	30.2	60.5

序号	深度/ m	D_{50} (Φ)	Mz (Φ)	σ_1	SK_1	K_G	黏土 /%	泥沙 /%	砂 /%
170	25.8 ~ 25.9	4.24	4.98	2.22	− 0.52	1.00	13.7	42.9	43.4
171	25.9 ~ 26.0	4.62	5.31	2.27	− 0.46	0.91	16.4	48.6	35.0
172	26.0 ~ 26.1	4.39	5.17	2.22	− 0.52	0.96	15.2	46.2	38.6
173	26.1 ~ 26.2	4.60	5.33	2.17	− 0.51	0.94	15.9	51.4	32.7
174	26.2 ~ 26.3	4.60	5.31	2.26	− 0.47	0.87	16.6	47.7	35.7
175	26.3 ~ 26.5	4.12	4.92	2.20	− 0.55	1.01	13.6	39.8	46.6
176	26.5 ~ 26.7	3.06	3.17	0.94	− 0.41	1.99	3.8	10.4	85.8
177	26.7 ~ 27.0	3.13	3.19	1.02	− 0.42	2.89	4.0	8.3	87.7
178	27.0 ~ 27.2	3.17	3.24	1.03	− 0.43	2.79	3.9	10.0	86.1
179	27.2 ~ 27.4	3.18	3.40	1.28	− 0.54	2.56	4.9	14.9	80.2
180	27.4 ~ 27.6	4.59	5.28	2.56	− 0.40	0.76	19.6	37.7	42.7
181	27.6 ~ 27.9	3.95	4.88	2.31	− 0.58	0.91	14.7	34.5	50.8
182	27.9 ~ 28.2	3.52	4.47	2.46	− 0.49	1.29	11.8	26.4	61.8
183	28.2 ~ 28.4	6.28	6.28	2.40	− 0.04	0.80	26.7	53.2	20.1

附录 D 柱状沉积物土样冲刷率

附表 D 原状土样冲刷率试验结果

试验编号	取土深度 /m	流量 $Q/$ ($m^3 \cdot h^{-1}$)	平均流速 $U/$ ($cm \cdot s^{-1}$)	床面切应力 $\tau/$ ($N \cdot m^{-2}$)	冲刷速率 $q/$ ($\times 10^{-3} cm \cdot s^{-1}$)	冲刷率 $\varepsilon/$ ($kg \cdot m^{-2} \cdot s^{-1}$)
1	3.2~3.4	5.70	79	1.483	0.97	0.019
		6.60	92	1.927	1.19	0.023
		7.03	98	2.158	1.55	0.030
		7.50	104	2.423	2.18	0.042
		8.00	111	2.720	3.29	0.064
		8.50	118	3.033	3.80	0.074
		9.00	125	3.360	5.15	0.100
		9.60	133	3.773	7.41	0.144
2	3.7~4.0	6.65	92	1.953	1.67	0.034
		7.50	104	2.423	2.04	0.041
		7.95	111	2.690	2.20	0.044
		8.60	119	3.097	2.52	0.051
		9.10	126	3.425	5.59	0.112
		9.60	133	3.773	2.87	0.058
3	5.6~5.9	6.00	83	1.625	1.19	0.025
		6.56	91	1.906	1.75	0.036
		7.14	99	2.219	1.44	0.030
		7.90	110	2.660	5.75	0.119
		10.97	152	4.796	2.61	0.054
		14.30	199	7.731	8.11	0.168
4	6.1~6.4	6.03	84	1.640	1.07	0.022
		6.50	90	1.875	2.23	0.045
		6.98	97	2.130	2.87	0.058
		7.50	104	2.423	3.35	0.068
		7.90	110	2.660	5.64	0.114
		8.55	119	3.065	9.69	0.196
		9.05	125	3.394	15.50	0.314

试验编号	取土深度 /m	流量 $Q/$ ($m^3 \cdot h^{-1}$)	平均流速 $U/$ ($cm \cdot s^{-1}$)	床面切应力 $\tau/$ ($N \cdot m^{-2}$)	冲刷速率 $q/$ ($\times 10^{-3} cm \cdot s^{-1}$)	冲刷率 $\varepsilon/$ ($kg \cdot m^{-2} \cdot s^{-1}$)
5	8.7~9.0	12.00	167	5.636	1.23	0.025
		13.10	182	6.601	1.64	0.033
		13.60	189	7.062	1.93	0.039
		14.40	200	7.829	2.15	0.044
		15.00	208	8.427	2.51	0.051
		15.50	215	8.941	3.19	0.065
6	9.1~9.4	27.10	377	24.577	2.01	0.042
7	10.6~10.9	26.00	361	22.798	7.21	0.140
8	11.1~11.5	23.25	323	18.616	1.07	0.021
		25.00	347	21.233	2.36	0.045
		20.10	279	14.302	7.32	0.141
9	13.5~13.8	14.08	195	7.518	2.63	0.052
		14.50	201	7.927	3.68	0.072
		15.15	211	8.581	3.47	0.068
11	18.7~19.0	7.96	111	2.696	5.93	0.116
		8.50	118	3.033	0.31	0.006
		9.76	135	3.887	11.87	0.232
		10.50	146	4.432	1.41	0.028
		11.06	154	4.867	0.41	0.008
		12.10	168	5.721	3.77	0.074
		13.00	181	6.511	9.09	0.178
		14.40	200	7.829	2.48	0.049
		15.10	210	8.529	94.93	1.859
12	19.1~19.4	7.60	105	2.481	6.61	0.128
		9.10	126.48	3.425	1.74	0.034
		10.00	138.99	4.061	2.14	0.041
		11.00	152.88	4.819	2.27	0.044
		13.00	180.68	6.511	2.61	0.050
		14.40	200.13	7.829	3.56	0.069
13	26.5~26.8	4.01	55.74	0.792	0.81	0.015
		6.10	84.79	1.674	2.12	0.040
		7.08	98.41	2.185	3.31	0.062

试验编号	取土深度 /m	流量 $Q/$ $(m^3 \cdot h^{-1})$	平均流速 $U/$ $(cm \cdot s^{-1})$	床面切应力 $\tau/$ $(N \cdot m^{-2})$	冲刷速率 $q/$ $(\times 10^{-3} cm \cdot s^{-1})$	冲刷率 $\varepsilon/$ $(kg \cdot m^{-2} \cdot s^{-1})$
14	26.8~27.0	7.25	100.77	2.280	0.16	0.003
		7.34	102.02	2.331	1.19	0.024
		8.00	111.19	2.720	5.39	0.107
		8.26	114.80	2.880	6.67	0.132
		8.85	123.00	3.260	2.41	0.048
		8.99	124.95	3.353	18.20	0.360
15	27.1~27.5	10.98	152.60	4.803	2.01	0.041
		11.68	162.33	5.369	5.38	0.109
		12.42	172.62	5.997	15.87	0.322

附录 E　现场调查工作照

钓口河河口晨光春色

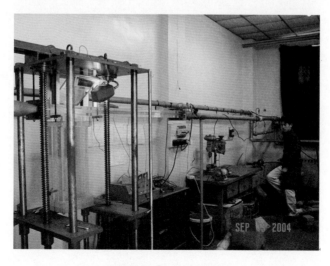

柱状沉积物抗冲刷试验

沉积物波流水槽冲刷试验

钻机工作

滩地浅钻工作

水文定点观测

采水样

油田海堤留影

现场调查人员留影